家族農業は「合理的農業」の担い手たりうるか

村田 武 著

筑波書房

はじめに

新自由主義グローバリズムが生み出した格差と貧困、地球温暖化・気候変動など環境破壊との闘いを国際社会に呼びかけた「持続可能な開発のための２０３０アジェンダ」（２０１５年９月の「国連サミット」で採択）は、17項目にわたる「持続可能な開発目標」（ＳＤＧｓ）を２０３０年までの15年間で達成しようというものである。そして、国連食糧農業機関（ＦＡＯ）は、このＳＤＧｓの目標達成のために「家族農業の10年」（２０１９〜28年）を準備した。そこでは、１家族による、ないしは主に家族労働力による農業経営＝小規模な家族農業（small family farming）を支持することが、17項目の目標のうちの多くの目標の達成に不可欠であって、各国は家族農業への公的支援・政策の抜本的強化を推進しようではないかという提案であった。そして、ＦＡＯはその根拠として、世界農業における家族農業の存在意義を強調した。

私は、ＦＡＯが支持すべきだとした小規模家族農業は、途上国のそれだけでなく、先進国のそれの問題でもあると主張し、①先進国に共通する中小家族経営の経営危機と離農にともなう農業構造の変化とともに、②先進国におけるアグリビジネス主導の「農業の工業化」へのオルタナティブをめざす運動が中小家族農業に担われていることに注目してきた。拙編著『新自由主義グローバリズムと家族農業経営』（筑波書房、2019年12月刊）では、アメリカと欧州におけるオルタナティブ運動を紹介した。

その後、ドイツでは温暖化・気候変動に対する大胆な温室効果ガス排出規制のもとで、農業に対しても「気候変動対策」が提起され、主流農業団体のあいまいな対応とは対照的に、中小農民団体の積極的な意見表明がなされていることを知った。東部ドイツでは、社会主義「生産協同組合」が東西ドイツ統一後も解体されず、家族農業の復旧・創設にはなっていない。それを問題にし、家族農業の再建を提案する文書の存在も知ることができた。また、「農業の工業化」に対しては、マルクスとその後継者からの根本的問題提起のあることを紹介する機会があった。『経済』2020年5月号に執筆した「自然環境破壊とマルクスの物質代謝・小農民経営論」である。

以上のような経緯のもと、先進国における現代の家族農業、すなわち家族労働が主な農作業を担う小規模農民経営は、**マルクスのいう人間と自然との物質代謝に亀裂を生じさせない「合理的農業」**の担い手になりうるのではないか、そのための農法転換が家族農業には可能ではないかを論じたのが本書である。

序・新自由主義グローバリズムの自然環境破壊と、Ⅱ・マルクスの「合理的農業」と現代の家族農業

は、前掲『経済』2020年5月号の拙稿を抜本的に改訂・補強したものである。

Ⅰ・環境先進国ドイツの「気候変動対策」、は書き下ろしである。

Ⅲ・なぜ農民経営か、はM・ベライテス『スイスモデルか、カザフスタンモデルか』の翻訳（要約版）である。

Ⅳ・日本農業に求められるもの、は『前衛』2018年3月号の「日本農業に求められる構造改革とは」がもとになっている。

目次

序　新自由主義グローバリズムの自然環境破壊

ジュネーブにある世界気象機関（WMO）は、2019年11月25日、地球温暖化に最も大きい影響を及ぼす二酸化炭素（CO_2）の世界平均濃度が2017年に405・5ppmとなり、過去最高を更新したと発表した。CO_2濃度の上昇に歯止めがかかる兆候はなく、異常気象や海面上昇の原因とされる温暖化がいっそう進む懸念があるとの警告である。CO_2の大量排出によって大気中の濃度が上がると、熱の吸収を増やすために気温が上昇するからである。CO_2濃度は産業革命前の1750年に比べると46%増になったとされている。

なお、CO_2以外の主要な温室効果ガスであるメタン（CH_4）と一酸化二窒素（N_2O）の同じく2017年の世界平均濃度はそれぞれ1859ppb（1ppbは10億分の1）、329ppbでこれまた過去最高を更新している。気象庁IPCC（国連気候変動に関する政府間パネル）によれば、大気中のこれら温室効果ガスの濃度は、過去80万年間で前例のない水準にまで上昇している。

地球温暖化がこのまま進むと、今世紀末には地球の平均気温が最大で4・8℃上昇するとされ、その影響は、①海水の熱膨張や南極やグリーンランドの氷河が溶けて、今世紀末には海面が最大82センチ上昇する、②現在すでに絶滅危機にさらされている生物はますます追いつめられる、③マラリアなど熱帯性の感染症の発生範囲が広がる、④降雨パターンが大きく変わり、内陸部では乾燥化が進み、熱帯地域では台風・ハリケーン・サイクロンといった熱帯性低気圧が猛威を振るい、洪水や高潮などの被害が多くなる、④気候の変化に加えて、病害虫の増加で穀物生産が大幅に減少し、世界的に深刻な食糧難を招く恐れがある、などとされている（「IPCC第5次評価報告書」）。すなわち、最近の世界的な集中豪雨や大干ばつなどの気象災害は、主として地球温暖化による気候変動によるものだとのことである(1)。

欧州連合（EU）の欧州議会は2019年11月28日に「気候非常事態」を宣言し、早期に域内の温室効果ガス排出量をゼロとすることや、関連予算の充実など、欧州委員会や加盟国に対策の強化を求めている。欧州やオーストラリアを中心に、「気候非常事態」を宣言する国や自治体議会が急増しており、2019年11月末で、25ヵ国約1200自治体に拡大している（「毎日新聞」2019年11月30日付）。

わが国でも2019年9月の長崎県壱岐市を先頭に、10月には鎌倉市、12月には長野県白馬村、長野県、福岡県大木町と続いている。主要20ヵ国の「持続可能な成長のためのエネルギー転換と地球環境に関する関係閣僚会合」（2019年6月15・16日、軽井沢町）の開催地となり、同10月には台風19号による甚大な被害を被った長野県の、2050年には二酸化炭素排出量を実質ゼロにするという宣言「気候非常事態宣言――２０５０年ゼロカーボンへの決意」は注目すべきである。

こうした動きに逆行しているのが米国トランプ政権である。トランプ政権は、世界の平均気温上昇を産業革命前と比べて２℃より１・５℃に抑える努力目標を掲げた「パリ協定」（２０１５年の「国連気候変動枠組み条約第21回締約国会議」〔ＣＯＰ21〕で採択）からの離脱を国連に通告した。

CO_2排出量世界第５位のわが国も恥ずかしい。２０１９年12月にスペインのマドリードで開催された同条約第25回締約国会議（ＣＯＰ25）が、温室効果ガスの削減目標の引上げの義務づけを合意できなかったことの責任の一端をわが国は負っている。というのも、ＥＵが温室効果ガスの排出を２０５０年に実施ゼロにする目標を公表したのとは対照的に、安倍政権の「パリ協定長期戦略」には、２０３０年度の電力の26％を石炭火力に依存するとし、原発再稼働も明記している。ＣＯＰ25に参加した小泉進次郎環境相が石炭火力発電をやめるとは言えず、世界の物笑いになったのも記憶に新しい。世界の温暖化対策では、原発はすでに論外であり、主流は脱火力発電と再生可能エネルギーである。

問題は、地球温暖化による気候変動もまた、１９８０年以降の新自由主義グローバリズムがもたらした自然環境破壊の危機的状況の一部であるところにある。

Ｄ・ハーヴェイは新自由主義グローバリズムがもたらした環境破壊を以下のように要約している。

「資本の生態系（原文では ecosystem）の時間的・地理的規模は、指数関数的成長に応じて変容してきた。過去において問題は通常、局地的であった――こちらでは河川の汚染があり、あちらでは悲惨なスモッグが発生した。現在では問題はより広域的なもの（酸性雨、低濃度オゾンガス、成層圏オゾンホール）に、あるいはよりグローバルなものになっている（気候変動、グローバルな都市化、生息環境の破壊、生物学的種の絶滅と生物多様性の喪失、海洋や森林や地表における生態系の悪化、そして人工的な化学物質――肥料や農薬――が地球上の生物と土地とに対するその副作用も影響範囲もわからないまま野放図に導入されていること）。多くの場合、局地的な環境的諸条件は改善しているが、広域的問題、とりわけグローバルな問題は悪化している。その結果、資本と自然の矛盾は今では、伝統的な管理手法や措置手法では手に負えなくなっている」(2)。

「農業の工業化」

ハーヴェイが指摘した自然環境破壊のなかで、農業の分野での「人工的な化学物質である肥料や農薬の野放図な導入」が意味するところは、以下のように理解すべきであろう。

第1に、バイオテクノロジーの発展に依拠した化学・種子アグリビジネス多国籍企業が主導する「農業の工業化」とされる農業技術革新のもとで、遺伝子組換え（GM）、牛成長ホルモン、農薬（とくに除草剤グリホサートや殺虫剤ネオニコチノイド系農薬）、化学肥料など、バイオテクノロジーの農業への大量投入が進んだ。

第2に、それは同時に、バイオテクノロジー技術革新による生産力拡大と低コスト生産競争を世界中の農業経営に強制した。それが小規模な家族農業の経営危機・大量離農と大規模経営層への生産集中を促進し、耕地利用の単純化やモノカルチャー化を広げている。そしてバイオテクノロジー技術を独占するアグリビジネス企業が、先進国でも途上国でも農業生産過程までも直接に支配し、農業経営の種子・作物選択の自由を奪っている。自立していたはずの農業経営の生産過程がアグリビジネス企業の利潤獲得過程に組み込まれることになったのである(3)。

そして第3に、アグリビジネス多国籍企業が主導したWTOの農産物自由貿易で国内食料市場を奪われた途上国では、小規模な家族農業経営が大量に離農を迫られ、農村から都市のスラムに流入せざるを得なくなるなかで、「小農民経営を救うために農業をWTOから外せ」という国際農民組織「ビア・カンペシーナ」の運動が支持を広げ、国連を動かすことになった。それが2012年の「国際協同組合年」に始まって、2014年の「国際家族農業年」、そして「農民と農村住民の権利宣言」(2018年)とともに、「家族農業の10年」(2019〜28年)を採択させたのである。

「家族農業の10年」は新自由主義グローバリズムが生み出した格差と貧困、環境破壊との闘いを国際社会に呼びかけたSDGs(持続可能な開発のための2030アジェンダ。2015年9月の「国連サミット」で採択)の目標達成のための処方箋のひとつであった。すなわち、アグリビジネス多国籍企業が主導する農業の「工業化」による生産力上昇と自由貿易を標榜する農業国際分業の強制では、飢餓の克服にも農村住民の貧困からの脱出にもつながらない。また、気候変動に対処し資源の持続的利用を可能にする、持続的かつ環境保全型農業の発展と飢餓克服には、世界農業の大半を担う小規模家族農業を擁護することこそが正しい方向であることを国際社会に提起したのである。

先進国でも、アグリビジネス多国籍企業が主導する「農業の工業化」路線へのオルタナティブをめざす小規模家族農業による有機農業や、食料の地産地消運動（ローカルフード運動）が広がっている。

アメリカでは、大都市近郊や、大規模穀作農業に必要な広大な農地に恵まれない地域で、1980年代に本格化した有機農業やCSA（地域に支えられる農業）を足場に、農業の「工業化」へのオルタナティブであることを自覚し、気候条件や土地資源に十分配慮した環境適合型で、コミュニティの再生と結合したローカルフード運動を担おうという中小規模家族農場が存在し、都市住民の貧困対策と小規模家族農業擁護を一体的に進めようという運動が起こっている(4)。

環境先進国ドイツでは、連邦政府の気候変動対策や生態系保全をめざす積極的な政策に対しては、それを実施する基本的な担い手が家族農業経営であることが明確になってきている。

注

(1)人為的な温室効果ガスの排出が地球温暖化と気候変動の主要因だとするIPCCのシミュレーションが不完全だとし、パリ協定の2050年までに温室効果ガスの排出をゼロにすべきだという提案にも疑義をはさむ科学者も少なくない。しかし、近年の世界的な異常気象の頻発（いわば「気候危機」）に対する、国連環境計画（UNEP）と世界気象機関（WMO）の科学的分析の不十分さを問題にし、提起された国際社会の取組みをそしり、自然の気候変動メカニズムの解明を科学者に任せておく余裕はわれわれには与えられていない。丸山正次「温暖化懐疑論リテラシー」『世界』2020年4月参照。

（2）デヴィッド・ハーヴェイ（大屋定晴他訳）『資本主義の終焉・資本の17の矛盾とグローバル経済の未来』作品社、2017年、336ページ。

（3）これは、マルクスの資本の下での労働の包摂についての議論を援用すれば、それは資本による農業の包摂が、市場原理を介した調整としての「形式的包摂」の段階から、資本の直接的管理下に置かれた「実質的包摂」の段階に移行したものとみることができる。K・マルクス『資本論』第一巻・1867年刊、社会科学研究所監修・資本論翻訳委員会訳、新日本出版社、1997年、上製版第一巻b、870ページ。また、マルクスは、「資本主義的生産様式による農業の占領、自営農民の賃労働者への転化は、実際上一般にこの生産様式の行う最後の征服」であるとも指摘している。新自由主義グローバリズムという資本主義の最新段階にいたって、資本主義生産様式が最終的に農業を征服する段階にいたったことが、局地的であった自然環境破壊を広域化し、よりグローバルなものにしていると考えられるのである。K・マルクス『資本論』第三巻2・1894年刊、上製版第三巻b、1147ページ。

（4）村田武編『新自由主義グローバリズムと家族農業経営』（筑波書房、2020年）の第1章～第3章を参照されたい。

I　環境先進国ドイツの「気候変動対策」

ドイツでも大きな気象災害が多発

ドイツは、2016年5月30日の局地的集中豪雨を皮切りに、翌17年夏、さらに18年夏にも局地的集中豪雨と大干ばつに見舞われ、大きな農業被害を出した。

また2019年2月には、南部のバイエルン州で、「ミツバチを救え」という農薬や化学肥料に依存する農業の改革と生物多様性の保護を求める住民投票「請願書」への署名運動が起こった。バイエルン州（州都はミュンヘンで、州人口1300万人）はドイツ全16州のうちの最大州（7万500㎢。九州と四国を合わせた面積より少し大きい）で、9・4万経営を数える農業経営は全国の28・8万経営の32・8%を、農地面積313万haは、全国1667万haの18・8%を占める。このバイエルン州で州人口の13・5%の175万人もの賛同を集めた署名が功を奏し、州政府は住民投票を実施することなく、請願書どおりに法制化をめざすとした（ドイツは連邦制なので、条例ではなく州法を制定できる）。殺虫剤ネオニコチノイド系農薬がミツバチ群を崩壊させる原因のひとつであるという認識が消費者に広がり、蜂蜜が食生活のなかで日本とはけた違いに大きいドイツであるだけに、化学肥料・農薬多消費型の農業の転換を消費者が迫ったのである。

かつてない気候変動が局地的豪雨や大干ばつによる土壌侵食・流出や砂塵被害を引き起こしているなかで、こうした農業外からの圧力もあって、在来農法の転換が必要だとする動きは農業内部からも起こり、連邦政府の農政にも転換を迫ることになった。

連邦政府によって2019年9月に、いっそうの動物福祉と昆虫保護をめざす「農業一括法案」と「気候変動対策」が矢継ぎ早に提出された。保守党ドイツキリスト教民主同盟（CDU）のメルケル首相がリードする連邦政府（CDUとドイツ社会民主党SPDの大連立政権）であるが、それらの提案を主導した食料農業省と環境省の大臣は、前者がユリア・クレックナー女史（CDU）、後者がスヴェンヤ・シュルツエ女史（SPD）である。その提案は気候変動への対応とともに、環境適合型農業への転換が必要であることを否定できない農業陣営にとっては、とりわけ保守党支持を明確にしてきた主流派農業団体「ドイツ農業者同盟」（DBV）にとっては、予想を超える「過激」な提案であった。

連邦政府の対策（1）「農業一括法案」

さて、「農業一括法案」は3つの部分から成り立っている。

第1は、EUの農業補助金のうちで、第1の柱（市場施策&直接支払い）から第2の柱（農村振興対策）への財政シフトを現在の4・5%から6%に引き上げる。

第2は、「昆虫保護行動計画」である。

第3は、動物保護の推進。家畜飼育方法、輸送方法、屠畜方法に関して、まずは養豚から一定の基準に適合するものについては、政府認証の「動物福祉ラベル」制度を導入するというものである。

ここでは、農業団体が最大の問題としている第2の「昆虫保護行動計画」についてみておこう。

「昆虫保護行動計画」

農薬使用量を厳しく制限し、とくに除草剤グリホサートについては、2023年末に使用禁止にする。アメリカでグリホサートの開発企業モンサント社（2018年にドイツの巨大化学メーカーであるバイエル社に買収された）は、その発がん性をめぐって多数の裁判で敗訴と賠償にさらされている。ヨーロッパでもグリホサートの発がん性の疑いは晴れず、禁止を避けがたくなっているのである。

次いで、汎用性で昆虫殺虫効果の高いネオニコチノイド系農薬の問題である。ネオニコチノイド系農薬がミツバチ群の崩壊の主原因ではないかとされるなかで、殺虫剤多用の農業は転換すべきだとの世論が高まった。その理由は、昆虫は生態系の多様性と農業の生産性をより確かなものにし、昆虫の絶滅を防ぎ、受粉その他の生態系への昆虫の機能の低下を防ぐためだということである。もちろん昆虫は収穫を皆無にしたり、収量を下げたりするとともに、人間や動物に疾病を媒介することがあり、その場合には適切な駆除は可能だとされる。重視されるのは、林地と草地の境界や道路や生け垣などで、昆虫の住処を増やし、それら地域での殺虫剤の撒布が禁止される。農業生産者がそれによって被る負担の増加については、とくに保護地域（FFH地域――EU規定の自然・景観特別保全地域――、自然保護区、国立公園や法律で保護されたビオトープなど）や河川湖沼での一定の農薬散布についての規制には補償がなされる。以下の施策に年間1億ユーロ（120億円）が予算化されている。

ドイツでの農薬使用量は**図Ⅰ―1**に見られるように、わが国に比べれば相当低水準になっているのであるが、それをさらに削減しようというものである。

具体的な目標は以下のとおりである。

⑴除草剤グリホサートは、EUの使用認可期限（202

図Ⅰ-1　ドイツの農薬散布量（1haあたり有効成分kg）

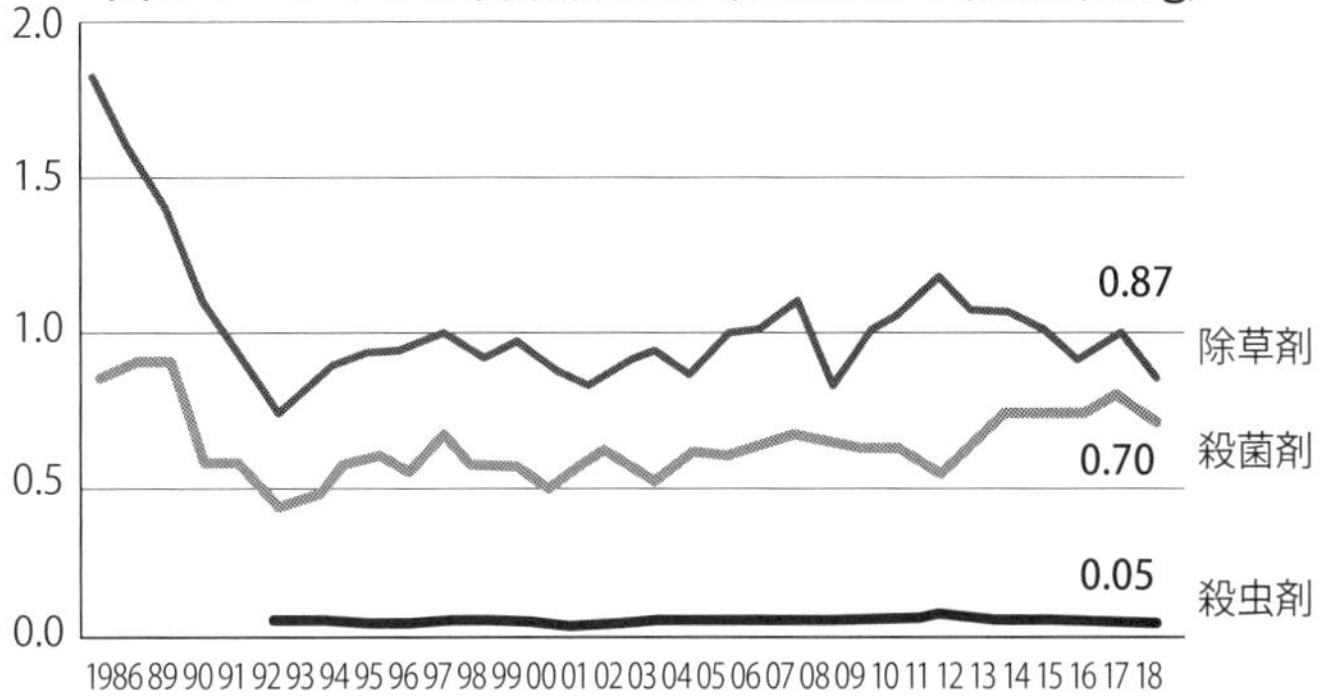

資料：ドイツ食料農業省

３年12月31日）までにドイツでも使用禁止とする。

⑵グリホサートの使用量削減のために、２０２０年以降は、刈跡・播種前・収穫前散布、草地・林地・クリスマスツリー（モミ）栽培園地・軌道（線路）施設、さらに個人農園・公園での散布を（部分的に）禁止する。

⑶河川湖沼沿岸10ｍ以内での農薬使用を最低限にする。

⑷永続的な草地の５ｍ以内では農薬散布しない。

⑸２０２１年から、保護地域での除草剤や殺虫剤の撒布が禁止される。それには、ＦＦＨ地域、自然保護区、国立公園、鳥類保護地域が含まれる。

（ＦＦＨ地域は４５４４か所３３３万ha、自然保護区は８８３３か所１５９万ha、国立公園16か所21・５万ha、鳥類保護区は７４２か所４０３万haである。なおドイツでは、さらにユネスコによる生物生息圏保護区が17か所１３３万ha、景観保護地域８７８８か所９９７万haがあり、これらを加えると保護地域は２万４１４５か所総計２０４７万haと、国土のほぼ67％にのぼる。）

⑹草の種類の多い草地や果樹散在草地、生け垣、石垣などはビオトープとして自然保護法のもとに保護され、農薬散布が規制される。

連邦政府の対策（2）「農林業の気候変動対策」

２０１９年９月に、ドイツ食料農業省は「農林業における気候変動対策」を発表した。農業からの温室効果ガス排出量の引下げや森林のCO_2吸収力の引上げをめざすとした具体的な気候変動対策「われわれの10項目の計画」である。ここには、在来農法による土地利用の制限と環境にやさしい農業への転換、エネルギー大量使用農業からの転換などを中心に、もはや従来の農業集約化・生産力引上げ農政の時代は過ぎ去ったことが示されている。

まず、「気候変動対策」の要点は、以下のとおりである。

食料農業省は、連邦政府の「２０３０年気候保護計画」（温室効果ガスを１９９０年対比で55％削減する目標を掲げ、総額５４０億ユーロ――約６・４兆円を支出する）にもとづいて、一連の気候対策をまとめた。それは主として２つの部門、すなわち、農業と林業が２０３０年気候目標の達成を確実にするための対策である。

農業に関する気候保護対策については、環境にやさしい農業の促進策や、ＥＵの共通農業政策（ＣＡＰ）の枠組みにまで対策を広げている。

農業にまで気候変動対策を求めるのは、ドイツにおける産業部門ごとの温室効果ガスの排出量が無視できないことにあるとしている。ちなみに、**図Ⅰ―２**にみられるように、温室効果ガスの排出量（CO_2換算でのトン数）は、基準年の１９９０年には12・51億トンであった。これが２０１８年には総計で

30・8％削減され、総排出量が8・66億トンとなり、エネルギー産業が3・11億トン（35・9％）、工業が1・96億トン（22・6％）、商業・サービス業・家庭が1・17億トン（13・5％）、運輸が1・62億トン（18・7％）、農業が7000万トン（8・1％）になっている。2030年目標は1990年対比で55％の削減目標であるので、総排出量が5・62億トン、エネルギー産業1・83億トン（32・6％）、工業1・43億トン（25・4％）、商業・サービス・家庭7200万トン（12・8％）、運輸9800万トン（17・4％）、農業6100万トン（10・9％）とされている。

農業部門の排出ガス6100万トン

図Ⅰ-2　ドイツの温室効果ガス、セクター別排出量

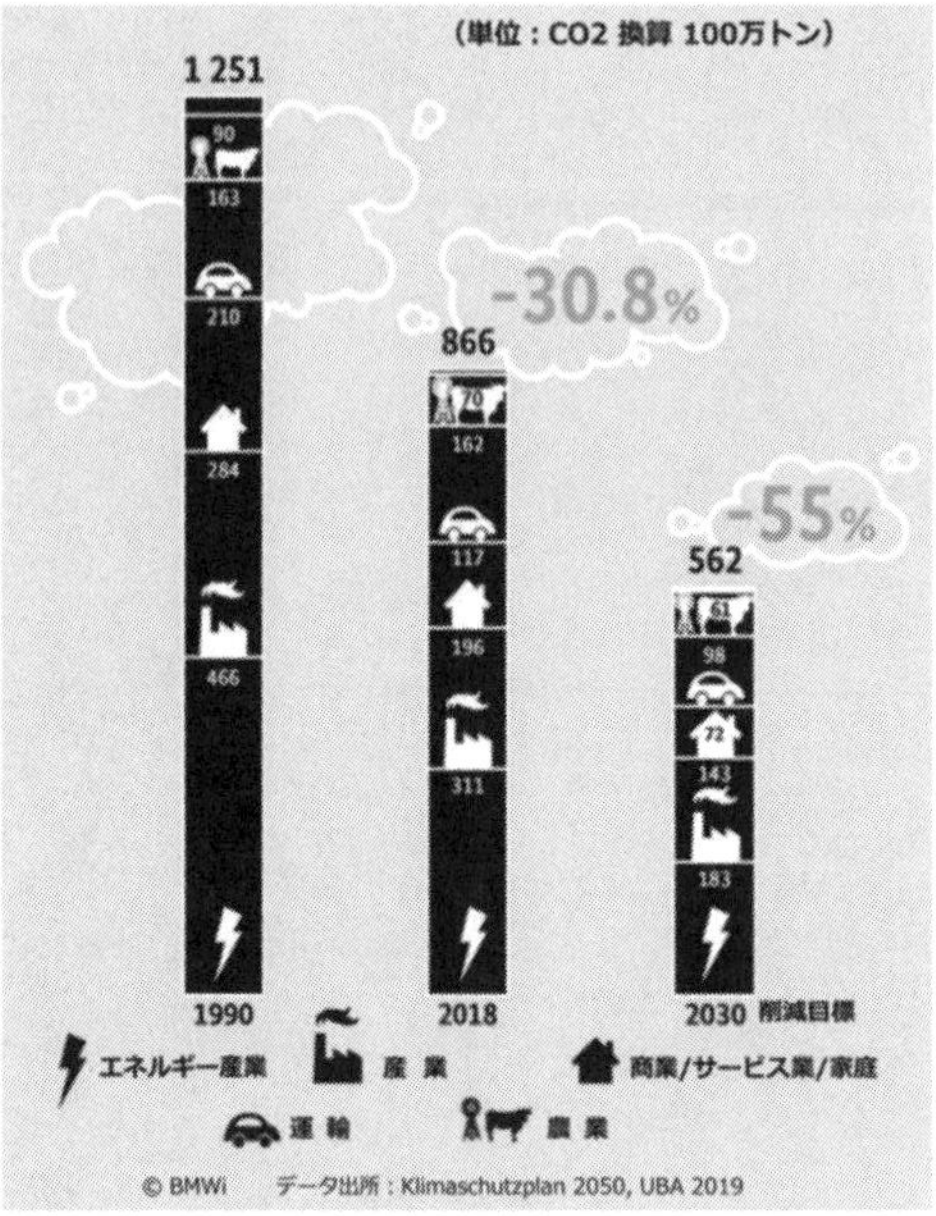

は、主としてメタン（CH_4）３２００万トンと一酸化二窒素（N_2O）２９００万トンであって、CO_2は３００万トンである。農業部門の温室効果ガスの年間排出量は、１９９０年から２０１８年の間にCO_2換算で２０００万トン減少した。２０３０年までにさらに９００万トン、すなわち１９９０年対比では32・22%の削減に相当する[1]。

さて、ドイツ食料農業省の対策は以下のとおりである[2]。

〈10項目の対策〉

１．窒素過剰の抑制

肥料法の改訂などで相当の前進をみているが、さらなる窒素肥料の投下量の引下げや、堆肥舎と堆肥撒布方法の改善で、アンモニアや一酸化二窒素の排出の削減をめざす。

温室効果ガス削減可能量――CO_2換算で年間１９０～７５０万トン

（窒素過剰の抑制がトップであるのは、ドイツでは上水道源の半ばを占める地下水の硝酸態窒素の含有量が高く、１２１５か所の計測値で、ＥＵの基準値上限である50ppmを超える地点が18%にも上ることが背景にある。ちなみにわが国の地下水硝酸態窒素含有量の上限基準は10ppmである。窒素肥料投下量の大きい茶業地帯の一部ではこれを凌駕している。）

２．家畜由来の肥料や農業廃棄物のバイオガスエネルギー利用第2に重要であるのが、家畜排泄物や農場内廃棄物のバイオガス発電によるエネルギー利用である。家畜排泄物のバイオガス施設への投入を強化し、発電だけでなくバイオガスの活用のための施設の設置が再生可能エネルギー法で促進される。これはＥＵレベルでの配電網の接続が促進されるので、とくに重要である。同削減可能量――CO_2換算で年間２００〜２４０万トン

（ドイツでは家畜排泄物を原料とするバイオガス発電が進捗し、農地に散布される液肥約２億㎥のうち30・５％、６３００万㎥余りがバイオガス（メタン）消化液になっている。）

3．エコロジー農業の拡大

エコロジー農業の拡大も気候対策のひとつである。第１にその製造過程で温室効果ガスを発生する化学肥料が節約される。エコロジー農業や持続的農業のその他の方式についても、その展開に対してこれまでも対策をおこなってきたが、さらなる法整備と助成策を整備する。同削減可能量――CO_2換算で年間40〜１２０万トン

4．家畜飼育での温室効果ガスの排出削減

家畜飼育方法の改善や飼料生産と供給方法の改善による排出削減を進める。畜産助成については、環境への影響や温室効果ガス排出抑制を考慮しながら、家畜福祉の観点がより強化される。同削減量――CO_2換算で年間30〜１００万トン

5．エネルギー効率の引上げ

農業や園芸業での技術改善でエネルギー効率の引上げをめざす。農業・園芸業でのエネルギー効率引上げのための政府計画を継続強化し、再生可能エネルギー利用を推進する。同削減量——CO_2換算で年間90～150万トン

6．耕地の腐植維持と改善

耕地の腐植量の改善が強化されるべきである。2018年の土壌調査および2020年代半ばに予定されている第2回調査で、農業利用されている土壌の炭素含有状態の変化が明らかになる。土壌の肥沃度を高める農法、エコロジー農法、輪作、間作物・草地維持などが活用されるべきである。同削減量——CO_2換算で年間100～300万トン

7．永年草地の維持

草地も炭素貯留で効果が大きい、永年草地の保全はCAPでも促進されており、ドイツ政府も永年草地保全の草地政策を継続する。同削減量——当面データなし

（ドイツの農地は1670万ha（国土の46・8％）で、うち1170万ha（70・2％）が耕地、480万ha（28・8％）が永年草地である。）

8．湿地保全と泥炭地の農地利用の削減

湿地の乾地化と農業利用による温室効果ガスの排出が大きい。環境省および州政府と協力して、湿地の利用制限を課すために助成措置をとる。泥炭地の農地利用を減らすことについても同様であ

る。同削減量――年間CO_2換算で300〜850万トン

9．森林と木材生産の維持と持続的利用

森林と木材生産の維持と持続的利用は、大きな気候保護機能を持っている。2014年のデータでは、約1億2700万トンのCO_2削減をもたらしている。（ドイツの森林は1060万haで国土の34・8％を占める。）

10．持続的な食生活の強化を、(a)食品廃棄量の削減や、(b)集団給食の促進は、温室効果ガスの削減で効果がある。同削減量――CO_2換算で年間300〜790万トン

中小農民経営の利害を代表する農業団体ＡｂＬの意見

ここでは、ドイツの代表的な中小農民経営団体「農民が主体の農業のための行動連盟」（Arbeitsgemeinschaft bäuerliche Landwirtschaft, AbL）の連邦政府の対策に対する意見をみる。連邦政府の「農業一括法案」や「気候変動対策」に対して、ＡｂＬは2019年10月9日に以下のような意見を発表した。

ユリア・クレックナー連邦農業相への要請

変化は必要だ――われわれ農民もまた変化すべきであるが、それには助成が不可欠だ

農民からの異議についてのAbLの立場

ドイツの農業は大きな転換点に立っている。社会と政治が、畜産、耕種農業、草地利用に求めるものは数年前よりさらに大きくなっている。それは基本的に多くの面で正しいと考えられる。たとえばそれは最近では、EU委員会による施肥に関する規制強化や、昆虫保護のアクションプランでの農薬制限、母豚飼育の新規制などである。そのとおり、緊急に対応することが求められている。ただし、それは同時に農民には経済的な将来見通しを与えるものでなければならない。農民経営にさらに離農を迫るような構造破壊は問題を解決するどころかさらに厳しくするであろう。

AbLの考えは以下のとおりである。

すなわち、社会が求める環境や家畜の保護という正当な利害と農民家族の経済的な暮らしを結びつけ、生産的に転換させる協同の道が存在しているということである。連邦政府はこの方向への転換をなしとげ、負担に耐えられる将来見通しについての全社会的コンセンサスに道を開くべきである。

異議は驚くべきことではない

いま提起されている移行過程は、多くの経営にとってたいへん大きな課題である。というのも、これまでひとつの方向で、政治、科学、教育、営農指導、そして有力な農業団体から宣伝され指導を受けて

きたからである。その目標とするところは、できるかぎり低コストで食料を生産することであったし、今でもそうである。さらに、食料は加工され、国際貿易される。国際価格のリーダーをめざすことがスローガンになってきた。そうした目標に沿って、多くの経営はこの10年、20年に大きく経営を変化させてきたのであって、外部資本を調達し、農地を賃借し、生産力を引き上げながら大きく成長してきたのである。

ただし、多くの経営は生産費を補てんできるような経営ができたわけではない。というのも、経営拡大にともなう農地需要増で、地代はこの10年間にほぼ2倍になった(3)。それに加えて、とくに豚肉や牛乳の生産量の増加にともなって、生産費は上がるのに市場価格は長期にわたって最低価格に張りついたままである。その結果が経営放棄であったのだ。耕種部門でも経営がうまくいっていないのは、この2年間の大干ばつが原因のすべてではない。

同じくますます明らかになっているのは、こうした生産力の上昇が自然や環境に否定的な結果をもたらしており、社会のより多くの人々が農業における家畜飼育や耕作のやり方にたいへん批判的になっていることである。種の減少、地域的に地下水に含まれる硝酸態窒素が高すぎること、さらに気候変動という事実が、われわれの農業に新たな根本的変化を求めている。さらに経済学も、数年前までは世界経済の方向が有利だといって提示していた国際価格のリーダーシップというモデルを、少なくとも畜産に関しては大きく修正せざるをえなくなっている。

連邦政府は、近年、経営の多くに大きな転換を迫る政策変更を発表してきた。それはとくに肥料法や昆虫保護アクションプランなどの、規制を相当のスピードで厳しくする方向である。

肥料法の場合には、とくに「赤信号地域」では、すべての経営が費用のかさむ対応を迫られる。必要だと算定された肥料の最大80％の施肥しか認められない。家畜飼育経営ではさらに新たな規則が求められる。10ないし11か月の貯留が可能な糞尿貯留施設の建設である。それには1経営当たり10万ユーロかかるであろう。牛乳や食肉の市場価格からすると、これは経営の多くにとっては経済的にほとんど無理な要求である。さらに、農業用建物（倉庫を含めて）の建築許可を得るのがむずかしくなる。地域開発計画、水利権、汚染物質排出規制、地区整備プランなどの規制への対応が求められるからである。

昆虫保護計画については、連邦政府はこれまで規制法によって除草剤や生物多様性に損害を与える殺虫剤も、FFH地域（EU規定の自然・景観特別保全地域）のような保護地域についてのみ禁止してきた。ただし、それは当該地域の農業経営への影響に対する補償を欠いたものであったので、いずれもたいへん限定されたものであった。

AbLの要請

①CAPの直接支払いは、農地面積当たりの一律支払いではなく、支払い額は社会的かつエコロジー基準に基づくべきである――多様な輪作、生け垣やその他の景観要素の保全、草地の保全、家畜保有数に応じた農地保有面積の確保、放牧地の保全等々。農地の構造も生物多様性に大きな影響があ

ることが多くの研究で示されている。これらに関してAbLは、評点制度の導入、すなわち上述の基準や中小規模圃場の正当な評価を提案する。

②AbLは、事前に経営に与える打撃の分析なしに、また経営がそれによるコストの増加に堪えられるほどの助成金が提供されないかぎり、短期間の法的規制強化には反対する。肥料法による規制強化によるハンディキャップは、当該経営に対する支援と助言が必要である。環境にやさしい家畜福祉に適合した畜舎の改築についても、建築対策が柔軟であるべきである。

③AbLは、経費を補てんする生産者価格を求める。農業セクターを自由貿易協定や工業利益の犠牲にするわけにはいかない。食品加工や流通分野のパートナーにも、農業や園芸業の経営に課せられる追加的な機能の経費を正当に反映した農産物価格を求める。

④連邦政府は、農業が世界市場での価格リーダーであるべきだとする方針、つまり国際競争力の強化をめざす方針が失敗であったことを認め、農政の方向を転換すべきである。

⑤農民的な労働の価値がしっかり評価されなければならない。農民的な労働こそ、慣行農業であるか有機農業であるかに関係なく、自然と動物福祉との調和を可能にする。

以上のような前提条件をはっきりさせることが政策の課題である。農民が主体の農業は安価な原料供給者ではなく、食料を生み出し、同時に社会の緊急課題の解決に大きく貢献できる――経営に求められている変化に要する負担と経費に耐えられる限りにおいて。将来の見通しのある農業と食料供給は社会全体の課題である。われわれにはその準備ができている！

ユリア・クレックナー食料農業大臣に要請する

1．包括的な家畜戦略を提案されたい。

a．今後10年ないし20年における幅広いコンセンサスを得る明確かつしっかりした動物福祉目標

b．追加的な助成金の農業経営の動物福祉での成果に対する提供

c．法的規制に適応するための猶予期間

2．EUの農業改革とそのドイツへの適用に関する将来の構想を提案されたい。

a．農民の気候、種、環境保護についての貢献を正当かつ目的に沿って評価すべきだとするAbLの提案を取り上げ、これまで面積当たりに一律かつ無制限に支払われてきたEUの直接支払いにも適用されたい。

b．EUレベルでは、過剰生産にともなう価格低落圧力による重大な市場危機・緊急事態に対しては、速やかに積極的な対策を取られたい。

c．EUのさまざまな貿易交渉については、国内農業者が関係する高度な社会的かつ環境問題での要請に、農産物や食品の国際貿易に拘束力をもたせる具体的な提案をされたい（たとえば品質基準の輸入規制）。

3．農耕についての戦略を提案されたい。

a．今後10年ないし20年における幅広いコンセンサスを得た環境、気候、種の保全をめざす農耕の明確かつ的確な目標設定

b．ドイツの農業経営にとってそれに必要な経費の算定

c．加えて、上述のEU農政の改革、とくに直接支払い制限で生まれる額の算定

d．上述の直接支払い改革によって補償されなくなる課題についての追加的助成の承認

e．法的規制に適応するための猶予期間

以上にみられるとおり、AbLは、地球温暖化にともなう気象災害への対処（肥料法の改正による窒素過多対策の強化）や環境にやさしい農業への転換（除草剤グリホサートの使用禁止・殺虫剤ネオニコチノイド系農薬の使用削減）などについての連邦政府の積極的な対策の提起を基本的に支持し、その着実な実施に中小農民は応える用意があるとして、そのために必要な追加的経費についての確実な補償・助成を求めている。

とくに注目されるのは、CAPの農業補助金の中心が価格支持政策に代わる農場への直接支払いになっているが、その直接支払いの方法の抜本的改善を求めていることである。すなわち、1992年以降に種々の改訂がなされてきたCAPの直接支払い制度は、最新の2013年改革では農場の経営規模

（農地面積）当たりでの一律支払いになっている。加盟国別の支払い額の平準化が進められており、加盟28か国平均では1ha当たり250ユーロ（3万円）、ドイツでは300ユーロ（3万6000円）である。問題は、この農地面積当たり補助金は、とくに東部ドイツの農薬と化学肥料に依存した穀作大経営（旧東ドイツの集団農場であった「農業生産協同組合」の後継の企業的大農場）の分割や中小農民経営の創設を妨げている。そこでAbLは、農地面積当たり一律支払いではなく、農場の気候変動対策や、生態系の保全、環境保護などの貢献を評点化し、評点による支払い（AbL評価システム）を提案している。

中小農民経営の利害を代表するAbLは、生産制限（生乳生産クオータ制）の廃止を要求し、大経営のさらなる規模拡大と競争力の強化（それがドイツ農業の国際競争力の強化につながる）をめざす大経営や乳業企業などの要求にシフトしたドイツ農業者同盟（DBV）への反対派を自認している。そしてDBVが今回の連邦政府の提案にたいして消極的な対応に留まっているのに対し、中小農民こそ現代社会が求める農業改革に積極的に応えるものであることを明らかにしているのである。

【コラム】ドイツの小農民団体AbL（農民が主体の農業のための行動連盟）

その名称AbL（Arbeitsgemeinschaft bäuerliche Landwirtschaft e.V.）は直訳すれば「登録組合・農民的農業行動連盟」だが、その意味するところは「農民が主体の農業のための行動連盟」となる。1980年に創設され、本部をドイツ西北部のノルトライン・ヴェストファーレン州（州都はケルン）のほぼ中央にある小都市ハム（Hamm）に置いている。全国に州別ないし2～3州合同で、9支部がある。

現在の本部理事長は、エリザベート・フレーゼン女史（ニーダーザクセン州の乳牛飼育の草地経営）とマルティン・シュルツ氏（ニーダーザクセン州の慣行農法肥育養豚経営）である。本部理事会メンバー（8～10名）は、年1回開催される組合員総会で選出され、任期は2年である。

1986年にビア・カンペシーナに参加している。ヨーロッパの18か国の27農民団体とともに、欧州農民反対派「ビア・カンペシーナ欧州調整協会」の共同設立者でもある。

〈農民の利害を代表する〉

AbLは、農民の利害を代表し、これからの農業を社会的にも環境的に適合した農業にすることをめざしている。

ＡｂＬには慣行農法の農家も有機農業をめざす農家も参加している。多くは中小規模の農家である。園芸農家、養蜂家も参加している。また農業以外の職業をもつ人々も参加しており、それは消費者や、環境ないし動物保護運動に関わり、農民が主体の農業の維持のための社会運動に積極的に参加している人々である。

ＡｂＬは会員ならびに一般社会に対して、欧州、ドイツ全国、さらに州レベルの重要な農業政策についての考えを公表している。

ＡｂＬにとっての中心的な課題は、人々に農業における社会的な問題を広く理解してもらうことにある。というのも人々の目を晦ましているのは、余りに経済主義的であったり、逆に余りにエコロジカル的であったりする見方であって、それらの社会的影響を無視させることになっているからである。ＡｂＬ活動の二番目の重点は、高品質生産と農産物の地域流通の推進・助言活動にある。

ＡｂＬは、農民が主体の農業の破壊を食い止め、農政の方向転換を求めるには農業団体を超える幅広い共闘が不可欠であると考え、１９８７年に、「ドイツ環境・自然保護連盟」（ＢＵＮＤ）と「消費者運動・開発政策連盟」（ＢＵＫＯ）に農業問題を調整する連盟の結成を呼びかけ、１９８８年には「ドイツ農業反対派組合連合」（ＤＤＡ）を立ち上げた。まもなく12団体の支持をとりつけたＤＤＡは、１９９３年には名称を「農業同盟」（AgrarBündnis）に変え、25団体（会員約１００万人）が参加するまでになっている。「農業同盟」の活動のなかで大きいのは、ドイツ連邦政府食料農業省の発行する『農業報告』(der Agrarbericht) に対抗する年報『批判的農業報告』(der Kritische Agrarbericht) の出版である。政府の農業年次報告に対抗するというのであって、①農業政策、②世界貿易と食料、③エコロジー農業、④生産と市場、⑤地域開発、⑥自然と環境、⑦森林、⑧動物保護と畜産、⑨遺伝子技術、⑩農法、⑪消費者と消費文化、と広範な分野について、毎年50名を超える研究者が執筆に参加している。出版を引き受けているのはＡｂＬ出版局「ＡｂＬ農民新聞出版有限会社」(AbL Bauernblatt Verlags-GmbH) である。さらに、ＡｂＬは独自に月刊誌『自立的農民の声』(Unabhängige Bauernstimme) を発行している。

〈ＡｂＬの規約〉 最新の改正(２０１６年11月)のＡｂＬ規約の前文では、ＡｂＬのめざすところに関して、以下のように述べられている。

世界には数百万もの人々が、農民が主体の農業を営み、世界人口を養う食料の大半を生産している。ところが、世界中の農民は、多国籍アグリビジネスの工業的農業とそれが支持する農政によって踏みにじられている。ＡｂＬはこうした動きと断固闘うものである。

ＡｂＬにとって「農民が主体の農業」こそ「将来の農業」である。農民の生活、考え方そして経済は、農場、自然、故郷との結びつきを意味している。動物、土壌、植物に対する責任感、幅広い自己責任にもとづく労働、考え方は世代を超え、家族ないし社会との緊密な関係のもとでの労働である。農民経営の目標はもちろんできるかぎり所得をあげることであるが、それは常に働く場や農場の維持が前提であり、何をどこで生産するかということを考慮することなしに、短期的な資本の収益性をめざすものではない。工業的農業のめざすものとは異なる。（1996年のAbL全国集会で確認）

われわれの目標：

・多くの農場や働く場の確保
・農村でも都市でも公平で人道的な生活条件
・経済的、社会的、文化的権利
・社会的共通財産である土壌、水、大気についての注意深い取りあつかい
・生物多様性の維持および家畜の適正な飼育
・世界中の食料主権

AbLは、農家の男女、羊飼いの男女、養蜂家の男女、園芸家の男女、さらに農業政策に関心のある市民男女に参加をよびかけている。組合員は一人一票、組合費は組合員総会で決定される。

（AbLホームページの「われわれについて」および「規約」による）

注

(1)ちなみに、わが国の温室効果ガス排出量は1990年度に12・76億トンであったものが、2018年度には12・44億トンと、わずか2・5%の削減にとどまった。2030年度目標は10・42億トンで、1990年度対比では3400万トン、18・3%の削減にすぎない。1990年にはドイツとわが国の温室効果ガス排出量にはそれほどの差がなかったのであるが、この間の排出量削減の取組みの差がこれほど大きいのには驚かされる。安倍政権の地球温暖化に対する取組みの消極性が、国際社会から大きな批判を受けているのは、以上の数字を見ればよくわかる。

「毎日新聞」は2020年4月6日の社説に「温室効果ガスの削減目標・政府の及び腰が目に余る」と題して、「日本は世界5位の排出国だ。温暖化対策に関する国際ルール『京都議定書』を生んだ国である。いま対応可能な削減策だけを積み上げる手法では、難局を打開できない。あるべき姿を高い目標として掲げ、その実現に全力を尽くすことが求められる」とした。

(2)現代ドイツの家族農業経営の環境にやさしい農業への取組みについては、以下を参照されたい。河原林孝由基「ドイツ・バイエルン州にみる家族農業経営」村田武編『新自由主義グローバリズムと家族農業経営』の第7章、筑波書房、2019年所収。

また、EUの共通農業政策についての詳細は、平澤明彦「EU共通農業政策（CAP）の新段階」同上書の第4章を参照されたい。

(3)2016年におけるドイツの農地価格と小作料は、旧西ドイツでは農地価格が1ha当たり3万2500ユーロ（390万円）、小作料が同493ユーロ（5万9200円）、旧東ドイツが農地価格1万3800ユーロ（166万円）、小作料が242ユーロ（2万9000円）である。なお、ドイツでは同じ20

16年で、農地の小作地率は59％に達する。

II　マルクスの「合理的農業」と現代の家族農業

マルクスが指摘した大規模な工業的農業による物質代謝の亀裂

アメリカにおける環境保全型農業と小規模家族農業擁護をめざす運動において、マルクス主義と自然との関係の再評価がなされている。というのも、マルクスは他の誰よりも明確に、「農業の工業化」最先進国であるアメリカの農業が抱える問題を指摘していたからである。

まず、「自然と人間の物質代謝」に関する議論からみることにしよう。

ボストンの若手文化人類学者であるC・J・フィッツモーリスとB・ガローは、アメリカ・ニューイングランドにおける有機農業の展開を意義づけるなかで、マルクスやカウツキーに注目して以下のように述べている。

「経済が急速に発展するときには、いつでも敗者が生まれる。工業化された農業が発達すると、敗者は離農を迫られる。有機農業は、20世紀初頭にとくにイギリスで起きたフードシステムの工業化によって生じた問題に対する、地域密着型で環境に配慮した農家ベースの対応として始まった。資本主義を批判したカール・マルクスや後のカール・カウツキーが土壌の肥沃度の低下と拡大を続ける農業システムの関係に言及して、このシステムは『人間によって消費された土壌の栄養分が土壌に戻されることを妨げている』と述べた。１９２４年にオーストリアの哲学者ルドルフ・シュタイナーが、『バイオダイナミック農法』と呼んだ農業に関する一連の講義で、社会運動としての有機農業の理念について最初に意見を述べる以前から、このように議論はあったのである」[1]。

さてマルクスは、『資本論』第1巻「資本の生産過程」第4篇「相対的剰余価値の生産」第13章「機械と大工業」第10節「大工業と農業」で、資本主義的農業と人間と土地とのあいだの物質代謝、および土地の豊度との関係について言及している。

「資本主義的生産様式は、それが大中心地に堆積させる都市人口がますます優勢になるに従って、一方では、社会の歴史的原動力を蓄積するが、他方では、人間と土地とのあいだの物質代謝を、すなわち、人間により食料および衣料の形態で消費された土地成分の土地への回帰を、したがって持続的な土地豊度の永久的自然条件を攪乱する。」「資本主義的農業のあらゆる進歩は、単に労働者から略奪する技術における進歩であるだけでなく、同時に土地から略奪する技術における進歩でもあり、一定期間にわたって土地の豊度を増大させるためのあらゆる進歩は、同時に、この豊度の持続的源泉を破壊するための進歩である。ある国が、**たとえば北アメリカ合衆国のように、その発展の背景としての大工業から出**

発すればするほど、この破壊過程はますます急速に進行する」（太字の強調は引用者による）(2)。

マルクスは、『資本論』第3部「資本主義生産の総過程」第6篇「超過利潤の地代への転化」第47章「資本主義地代の創世記」でも、以下のように言及した。

「大土地所有制度は農業人口をますます減少していく最低限度にまで縮小させ、これに、諸大都市に密集するますます増大する工業人口を対置する。こうして大土地所有は、社会的な、生命の自然諸法則に規定された物質代謝の連関のなかに取り返しのつかない裂け目を生じさせる諸条件を生み出すのであり、その結果、地力が浪費され、この浪費は商業を通して自国の国境を越えて遠くまで広められるのである（リービヒ）。……大工業と工業的に経営される大農業（大規模な機械化農業）とが共同して作用する。大工業と大農業とがもともと区別されるのが、大工業はむしろ労働力、それゆえ人間の自然力を荒廃させ破滅させるが、大農業はむしろ直接に土地の自然力を荒廃させ破滅させることであるとすれば、その後の進展において両者は握手する。というのは、農村でも工業制度は労働者たちを衰弱させ、工業と商業のほうは農業に土地を枯渇させる諸手段を与えるからである」(3)。

マルクスのいう「人間と自然との**物質代謝**」（der Stoffwechsel, metabolism）とは、人間労働が自然の素材に手を加えて素材的富・使用価値を生み出す生産過程における人間と自然との物質的交換（労働を通じて人間と自然との物質代謝は媒介される）という意味である。

また、マルクスがここで言う「大土地所有」とは、小規模耕作に対置され、「大農業、および、資本主義的経営様式にもとづく大土地所有」である。

そして、マルクスは、資本主義下の大規模農業に固有の性格は、土壌管理というリービヒの新しい科学の合理的適用を妨げる、すなわち農業におけるあらゆる科学的技術的進歩にもかかわらず、資本は土壌養分のリサイクルのための条件を維持することができないとしたのである。つまり、マルクスは農業の発展を単純に大規模農業とはせず、むしろ大規模農業の危険性を人間と自然との間の物質代謝の亀裂に見ており、持続可能性の条件が維持される場合には大規模農業もありうるが、それは資本主義的農業では不可能だと考えたのである(4)。

この大農業による人間と自然の物質代謝の亀裂論は、「最新の（1880年代の）農学の発展が、厩肥がなくても人造肥料によって、また窒素を固定させるマメ科植物に一定のバクテリアを付着させることと等々によって、土地の生産力を回復させることが完全に可能であることを示した」(5)段階においても、K・カウツキーが、次のように進化させている。

カウツキーは、「人間の排泄物の略取に比べれば、人造肥料はひとつの弥縫策（ein Palliativ, 一時抑えの緩和剤）に過ぎない」(6)とした。そのうえで、社会主義のもとで、「都市と農村、または少なくとも人口稠密なる大都市と荒廃せる農村地方との対立が止揚される場合に於いて、土地から取り去られた素材はますます完全に土地に逆流し来り得るであろう。かくして助成肥料は、せいぜい土地の一定の素材を豊富にする任務を有するにすぎずして、その減退に対応する任務をもつものではなくなるであろう。土地耕作の技術の一切の進歩は、かくてまた、人造肥料の供給なくしても、土地に於ける溶解し得るべき栄養素の成分の増加を意味するであろう」[7]とした。

このカウツキー以降も、「自然と人間の間の物質代謝の亀裂」は社会主義の根本的な解決課題とされたのであって、20世紀に入っては、レーニンの『農業問題と「マルクス批判家」』（1910年）や、ブハーリンの（『史的唯物論』1921年）における社会と自然の均衡論に引き継がれたのである[8]。

エンゲルスが引き継いだ「小農民、あるいは結合された生産者たちの管理による合理的農業」論

『資本論』第3部第1篇「剰余価値の利潤への転化、および剰余価値率の利潤率への転化」第6章「価格変動の影響」に現れる次の指摘も、上述の資本主義と大規模農業の関係についての指摘から必然的に導き出されるものであったと考えられる。

それは、「歴史の教訓は、……資本主義制度は合理的農業に反抗するということ、または合理的農業は資本主義制度とは相容れない（資本主義制度は農業の技術的発展を促進するとはいえ）ものであり、**みずから労働する小農民の手か、あるいは結合された生産者たちの管理**かのいずれかを必要とすること、である。」（同上、第3巻a、207ページ。強調は引用者による）というものである[9]。

マルクスのいう合理的農業とは、リービヒの新しい科学の合理的適用が行われる、すなわち人間と自然との物質代謝に裂け目（亀裂）を生じさせない、土壌養分のリサイクルを維持する農業であり、それは「みずから労働する小農民の手か、あるいは結合された生産者たちの管理」を必要とするのである。

そして、このマルクスが農民に対してプロレタリアートが採用すべきだとした態度は、エンゲルスに引き継がれたのである。エンゲルスは、ドイツ社会民主党フランクフルト党大会（1894年）の農業決議をめぐって執筆した『フランスとドイツの農民問題』において、以下のように指摘した。

そこで指摘されているのは、一般に西欧にとってすべての農民のうちで一番重要な小農(Kleinbauer)——普通、自分自身の家族とともに耕せないほど大きくはなく、家族を養えないほど小さくはない一片の土地の所有者または賃借者——に対するわれわれの態度は、第1に、小農の没落が避けがたいことを予見しはするが、われわれが介入してのその没落を早めることは決してしないこと。第2に、われわれが国家権力を握ったときに、大土地所有者に対するのと同様に小農も力づくで収奪する(有償か、無償かは関係ない）ことはとうてい考えられない。小農に対しては、何よりも力づくではなく、実例とそのための社会的援助によって、小農の私的経営・所有を協同組合的なものに移行させることである、ということであった。

そのうえで、エンゲルスが強調したのは、「われわれのおかげでプロレタリアートのなかに現実に落ちこまずにすみ、**農民のままでわれわれの味方に獲得できる農民の数が増えれば増えるほど、社会の改造はそれだけ速やかに、容易に行われるようになる。**資本主義的生産がどこでもその最後の帰結にまで発展しつくし、小手工業者と農民が最後の一人まで資本主義的大経営のいけにえになるまで、この改造を待たなければならないというのでは、どうにもならない」（強調は引用者）ということであった(10)。

エンゲルスは、農業労働者をあるていど雇用する農民を中農、大農とし、数のうえでは大多数の「雇用のない小規模家族経営」を Kleinbauer（小農）としている。農民のまま味方につけたいのは、農民の中心であるまさにこの小農であった。

カウツキーの「協同組合的あるいは自治体大経営」論

K・カウツキーも、エンゲルスの議論を引き継ぎ、手工業者と同様に、「寄生的でない農民の小経営」、すなわち「経済的生活においてなお重要な機能を果たしているところのもの」も、社会主義のもとでは「社会的生産の一環」となるのであって、「農民と農業労働者は、資本主義社会から社会主義社会への推移に際して、特に尊重すべき労働力とならざるを得ない」として、19世紀末の世界市場の動きを踏まえて以下のように指摘する(11)。

「世界市場に対する工業の巨大なる拡張及び同時に外国の穀物による市場の氾濫は、農村人口を、ことに最も労働能力のある要素を都市に追いたてる。内国市場が再び国民経済の前景に登場するや否や、これは、なかんずく、農業の重要性の増大に現れざるを得ない。大衆のヨリ高い消費能力はヨリ多い食糧品を要求する。輸出の減少は外国からの輸入を減少せしめる。最大可能なる利益を求める農業の周到なる合理的なる経営が、その時には不可避である。最良の生産手段、最良の労働力を農業に供給せねばならない。……今日の社会では恐らく継子扱いにされている農業労働者と小農民の二者は、かかる状態においては極めて熱望されるに違いない。したがって、最も恵まれた社会的地位を得るに違いない。……社会主義的な制度は国民栄養のためにも確かに、農業者の状態をできるだけ有利にすることを試みねばならぬであろう。……プロレタリアの政治は、農民の労働をできるだけ生産的にすることに、従って彼に最良の技術的な便宜を与えることに多大の利益を有している。」

そして、「社会民主党は、農夫を収奪する代わりに、資本主義の時代には全然近づきえなかったところのもっとも完全なる生産手段を役に用立てるであろう。もちろん、**農夫は最も完全なる生産手段はこれを大経営にのみ適用しうるにとどまる。そして社会主義の政治は、大経営が急速に広がる方向に努力しなければならないであろう。しかして農民を、協同組合的あるいは自治体大経営に移すべく、その耕地を整理させるようにするためには、収奪という方法は必要ないだろう。**……人が農民にヨリ完全なる経営方法の利益を与えるために暴力的没収の方法を選ぶであろうとは全然考えられないことである。しかしながら、その際に、**小経営が大経営より有利であるような農業の部門あるいは地方が存在するならば、それを型にこだわって大経営にもっていく少しの理由も存在しない。**それは、国民的生産にとって重大な意義のある経営部門でも、地方でもない。何となれば、農業の決定的な部門においては、現在すでに大経営が優越せるものであるからであろう。かくて、世界市場から内国市場への経済的重点の移動は、まさにこの部門、なかんずく、穀物生産を再び多く前景に押し出すにちがいない。」(12)

カウツキーが、「小経営が大経営より有利であるような農業の部門あるいは地方が存在するならば、それを型にこだわって大経営にもっていく少しの理由も存在しない」――おそらくカウツキーの意識にあったのは、大都市近郊園芸農業やライン川流域等のワイン用ブドウ栽培などであったろう――という留保をつけながら、社会主義のもとでは大経営への移行が不可避だとした。そして、その大経営を、協同組合的あるいは自治体的大経営（genossenschaftlicher oder kommunaler Grossbetrieb）とした。協同組合的大経営とともに地方自治体（管理の）大経営が挙げられているのは興味深いところであるが、ともかくも社会主義は小農民経営を大経営に移す必要があり、それが可能だとしたのである。

それには、以下のような事情があったからと考えられる。すなわち、19世紀末におけるドイツでは、①大経営が農耕方式において高度である――大経営では改良輪作農法が一般的であるのに対し、小経営の多くは三圃農法、②大経営は農業機械も多く持っている――蒸気脱穀機、馬力脱穀機、穀粒選別機、条播機、厩肥散布機、馬力砕土機、円盤地均し機など[13]。つまり、小経営は農作業をもっぱら手労働で行う「労働型家族経営」であったのに対し、大経営では農作業の機械化水準において小経営とは質的に異なる発展段階に到達しており、農業生産力の担い手層であった。

すなわち、マルクスからエンゲルス、カウツキーにいたる19世紀後半、とりわけ最後の四半世紀においても、経営耕地規模5~20haを中心とする小農民経営（雇用があってもごくわずかの家族農業経営）は農業生産力の担い手たりえなかったこと、同時に大経営は農法改革・農業機械化を担っており、カウツキーは、都市と農村の対立の克服と一体となった「協同組合的あるいは自治体大経営」であるならば、「人間と自然との間の物質代謝の亀裂」を克服する農法改革と農業機械化を担える大規模農業が社会主義のもとでなら実現できると考えたのである。

「社会主義国」における強制的農業集団化

ところが1920年代後半以降のスターリン体制のもとで、初期ソヴェト時代の自然保護理念はブルジョア的だと攻撃された。そして、スターリンの後押しのもとに生物科学の権威となったT・D・ルイセンコによる生態学や遺伝学への攻撃もあいまって、「生産のための生産の拡大がソヴェト社会の最優先」(14)とされることで、レーニンの「農民のままで味方につける」戦略は完全に放逐されることになった。

10月革命後の戦時共産主義のもとで、1919年3月に開催されたロシア共産党（ボ）第8回大会に提出された「ロシア共産党（ボ）綱領草案」の「綱領の農業条項」で、レーニンは「ソヴェト権力は、土地の私的所有の完全な廃止を実現したあと、すでに、大規模な社会主義農業の組織化をめざす幾多の方策の実施にうつった。そういう方策のうちでもっとも重要なものは、つぎのものである。ソヴェト農場すなわち社会主義的大農場を組織すること、農業コンミューンすなわち大規模な共同経営を営む農耕者の自発的団体や、共同耕作のための団体ならびに組合を組織すること、だれの土地であるかをとわず、すべての未作付地の作付を国家の手で組織すること、農作の向上を目的とする精力的な措置をとるため、国家がすべての農学者陣を動員すること、その他」（『レーニン全集』第29巻、125ページ）とし、富農、農村ブルジョアジーの反抗は断固として弾圧するが、中農にたいしては、「彼らを徐々に計画的に社会主義建設の活動に引き入れること」とし、中農の「後進性にたいしては、弾圧の方策ではなく、思想的働きかけの方策によってたたかい、彼らの死活的な利益にふれるあらゆるばあいに彼らとの実務的な協定をとげるようにつとめ、社会主義的改造の実施方法を決定するにあたっては彼らに譲歩する」（同126ページ）とした。そして、同大会での報告「農村における活動についての報告」では、カウツキーが農業問題に関する著書のなかで「農民層の中立化」を主張し、エンゲルスが農民層の大農、中農、小農への区分を確立していたことを継承するとして、レーニンは「地主と資本家については、われわれの任務は完全な収奪である。だが中農にたいしては、われわれはどんな暴力行為もゆるさない。富農にたいしてすら、地主にたいする場合のようには、……完全な収奪とはいわない。……ブルジョアジーの完全な収奪、他人を搾取しない中農との同盟」（同196〜97ページ）とした。さらに、「ここでの任務は、要するに、中農の収奪ではなく、農民の特殊な生活条件を考慮し、よりよい制度へ移っていく方法を農民にまなぶことであり、**あえて命令しないことである！**」（強調はレーニンによる。同203ページ）とくどいほど強調した。

レーニンの中農にたいする態度は、1921年の凶作もあって農民の状態が深刻化するなかで、戦時共産主義から新経済政策（ネップ）への転換を指導するなかでも変わっていない。1921年のロシア共産党第10回大会で採択されたネップは、戦時共産主義への農民の不満を和らげるために、食糧徴発制の食糧現物課税制への転換、食糧の自由販売や小企業や国内商業の私営の認可など全般的な商品貨幣経済の再導入と市場メカニズムの広範な利用を認めるものであった。そして、このネップにおける農民とソヴェト権力の関係は、食糧と工業製品の商品交換を本格化させることにあるとし、ネップにおける地方ソヴェト機関に対して、農民の状態の改善に力を入れつつ、(イ)農民経営、(ロ)ソフホーズ（国営農場）、(ハ)コンミューン（共同化の完全な集団農場）、(ニ)アルテリ（耕地と家畜・農具の主要部分を共同化した集団農場）、(ホ)共同耕作、(ヘ)その他の種類の共同経営、で構成される「農業の高揚」を求めている（1921年5月21日の「労働国防会議から地方ソヴェト機関への指令」『レーニン全集』第32巻、419ページ）。レーニンは戦時共産主義下で地主経営の没収と土地国有化で社会主義大農場を建設し、食糧調達で苦境に追い込んだことでソヴェト権力への反抗を強めた富農を含む農民経営には、食糧調達を食糧税に転換する妥協を行って、社会主義建設に必要な食糧の確保をめざしたのである。ところが、スターリンは、1929年に着手した「5カ年計画」の重工業化プロジェクトで、農村から大量の工業労働者を引き出し、本格的な工業化に求められる穀物の集中管理・統制には「小規模の遅れた個人農経営」では不都合であって、それを支えるだけの穀物の調達は「先進的な集団農業」によってこそ可能になるとして、農民の熾烈な抵抗を力づく排除しつつ、コルホーズ（集団農場）とソフホーズ（国営農場）への農民の集団化を強行したのである。

レーニンは、自ら建設をめざした社会主義大農場が、食料増産圧力のもとで、「結合された生産者たちの管理による合理的農業」の担い手になるどころか、自然と社会の物質代謝を攪乱する工業的農業に突っ走ることになろうとは予測もしなかったであろう。

１９９１年のソ連邦崩壊にともなって、集団農場は解体されるが、その大半は大規模な農業企業として存続し、農民経営の創設は主流にはならなかった。２００６年のデータでは、平均規模２３００haの農業企業が６万経営、同81haの農民経営が26万経営とされている。なお、ソ連邦時代の自留地ダーチャ（農村０・５ha、都市０・１ha）が３１００万件存続しており、野菜やジャガイモなどの生産の大半を担っている。

第２次世界大戦後、１９４９年に成立した中華人民共和国では、毛沢東（国家主席）が提起した第２次５カ年計画（１９５８年〜）で、社会主義建設の総路線のもとで、経済の「大躍進」と一体的に、農村では「人民公社」（農業の農業生産合作社による集団化と基礎的行政組織の一体化）建設が強行された。その後の紆余曲折を経て、１９８０年代半ばにいたって人民公社は解体され、農地請負制度による個別農家経営の再生が行われて、今日にいたっている。

同じく第２次世界大戦後、ソ連邦を中心とする東側ブロックに組み込まれた東欧諸国では、「生産協同組合」と称するコルホーズ型の農業集団化が強行された。しかし、各国それぞれの農業構造や政権

図Ⅱ-1　社会主義諸国：農用地に占める社会セクターの割合
（1950年〜65年）

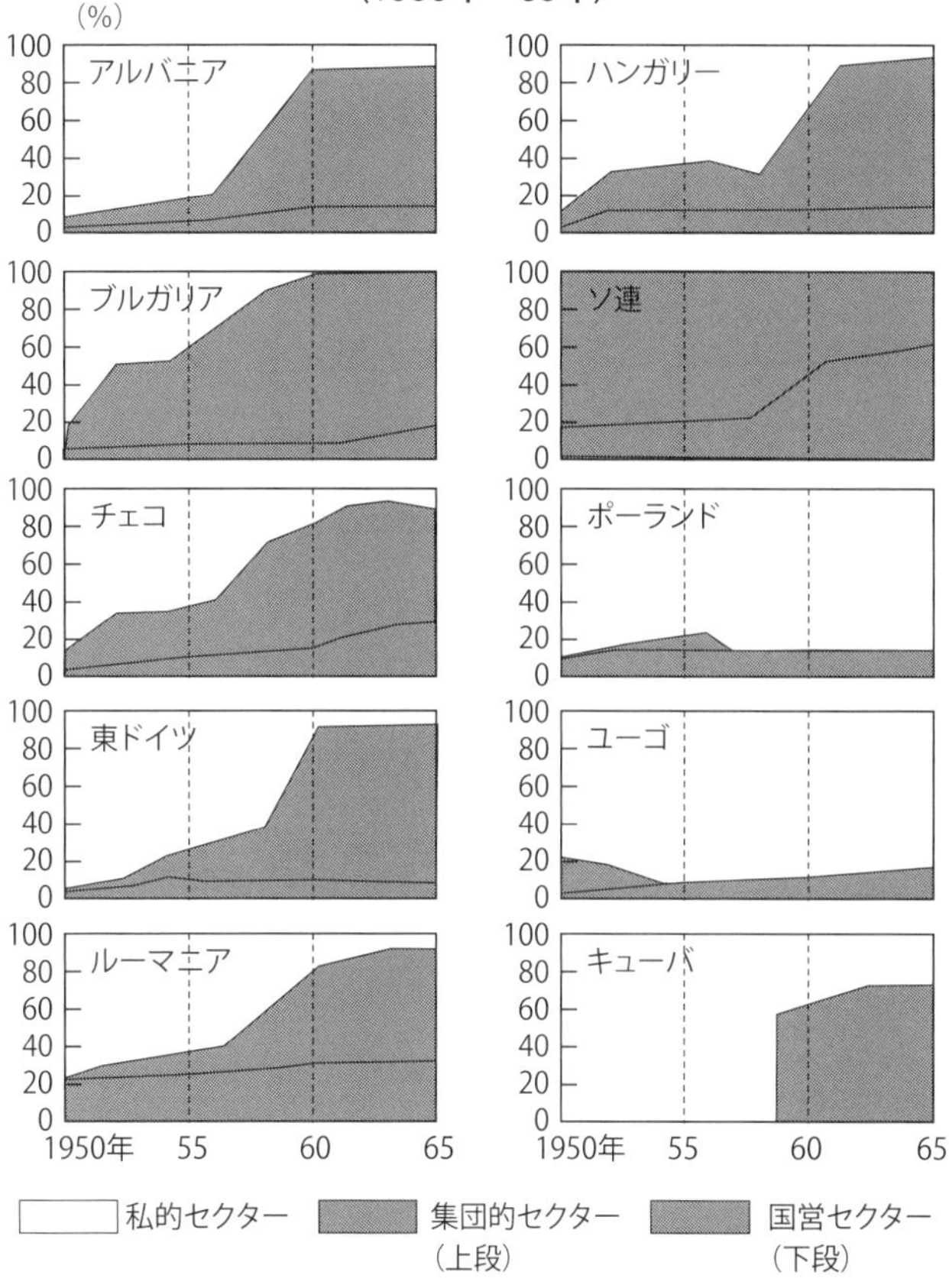

出所：Th. Bergmann, Studienmaterialien zur Agrarpolitik und Agrarwirtschaft sozialistischer Länder, Offenbach, 1973（相川哲夫・松浦利明訳『ベルグマン　比較農政論』，農政調査委員会, 1978年, 6ページ。）

（いずれも事実上の共産党――東ドイツでは社会主義統一党――の一党独裁）の統治力の差によって、集団化レベルには差があった。集団化がもっともハイレベルであった東ドイツでは、１９９０年の西ドイツへの統合後も、生産協同組合はそのほとんどが大規模な農業企業に再編され、農民経営の復活・再生にはなっていない。

かくして20世紀社会主義国における農業集団化は、農民の熾烈な抵抗を力ずくで排除し、膨大な農民逃亡と餓死者を出しただけではなかった。それはカウツキーが展望した社会主義のもとでの都市と農村の対立の克服、したがって人間と自然との物質代謝の亀裂の克服を担える大経営という構想をまったく裏切ることになった。機械化・化学化で「近代化」した社会主義大集団農場は、自然と人間の物質代謝の亀裂を克服するどころか、アメリカの大規模工業的農業とともに自然環境破壊に突き進んだのである。

現代の家族農業は「合理的農業」を担える

さて、今や新自由主義グローバリズムという資本主義の最新段階＝資本主義生産様式が最終的に農業を征服する段階となった。アグリビジネス多国籍企業の主導する「農業の工業化」は自然環境破壊を深刻化させ、ＷＴＯ農産物自由貿易体制による農業の国際分業圧力が途上国や食料輸入国の国内農業生産基盤を掘り崩し、小規模家族経営を経営危機に追い込んでいる。

そこで、世界各地で広がっているのが、「農業の工業化」路線へのオルタナティブをめざす小規模家族農業の有機農業をはじめとする環境適合型・持続型農業であり、安全・安心な食料をもとめる都市消費者と連携した産直やローカルフード運動である。

20世紀社会主義においては、社会主義建設の課題が、半ば農業国段階という遅れた資本主義を工業国化することであり、それも帝国主義列強の社会主義包囲網・軍事的圧力のなかで迫られた加速度的社会主義建設であったことが、「小規模の遅れた個人農経営」からの穀物徴発と「近代的な集団農場」建設を強行させることになった。

しかし、今求められているのは、アグリビジネス多国籍企業の最大限利潤獲得に貢献する大経営によるバイオテクノロジー技術革新による農業生産力拡大＝「農業の工業化」ではない。求められる農業生産力の発展は、マルクスの言う「自然と人間の物質代謝の亀裂を克服する合理的農業」である。そして、今、世界で「農業の工業化」に対するオルタナティブとしての合理的農業づくりをどのような農業経営が担うかが問われている。

20世紀社会主義を生んだロシアや中国の農業が、「機械が散発的に使用され、生産が比較的小規模な」、マルクスが「マニュファクチュア」と呼んだ工業発展段階にあったのに対し、先進資本主義国（発達した資本主義）では、農業もまた小規模家族農業を含めてその生産力段階は「機械制大工業」の段階に到達している(15)。

家族農業経営は、手労働中心の、いわばマニュファクチュア段階の「労働型家族経営」類型から、経営規模も大きく大型農業機械を装備した「資本型家族経営」類型に発展している。

一例を、ドイツの家族農業経営地帯を代表するバイエルン州にみると、利用する大型農業機械投資はマシーネンリンク（農業機械サークル）への参加によって大幅に抑制が可能な、①農業経営規模50～２００haの「畜産主幹耕種複合経営」（家畜飼料自給）が中核であって、②これに経営規模50ha未満で、経営主が農外就業する兼業農家を含む「穀作経営」が補完するというのが基本的な農業経営構造である。これらはいずれも、雇用労働力がほとんどない――せいぜい農業実習生1人を雇用する――自家労働力が中心の家族農業経営である。ごく少数の経営規模２００haを超える大型畜産経営も存在するが、そのような経営でも雇用労働力は基本的に家族労働

図Ⅱ-2　バイエルン州の農業経営（農用地規模別）2015・17年

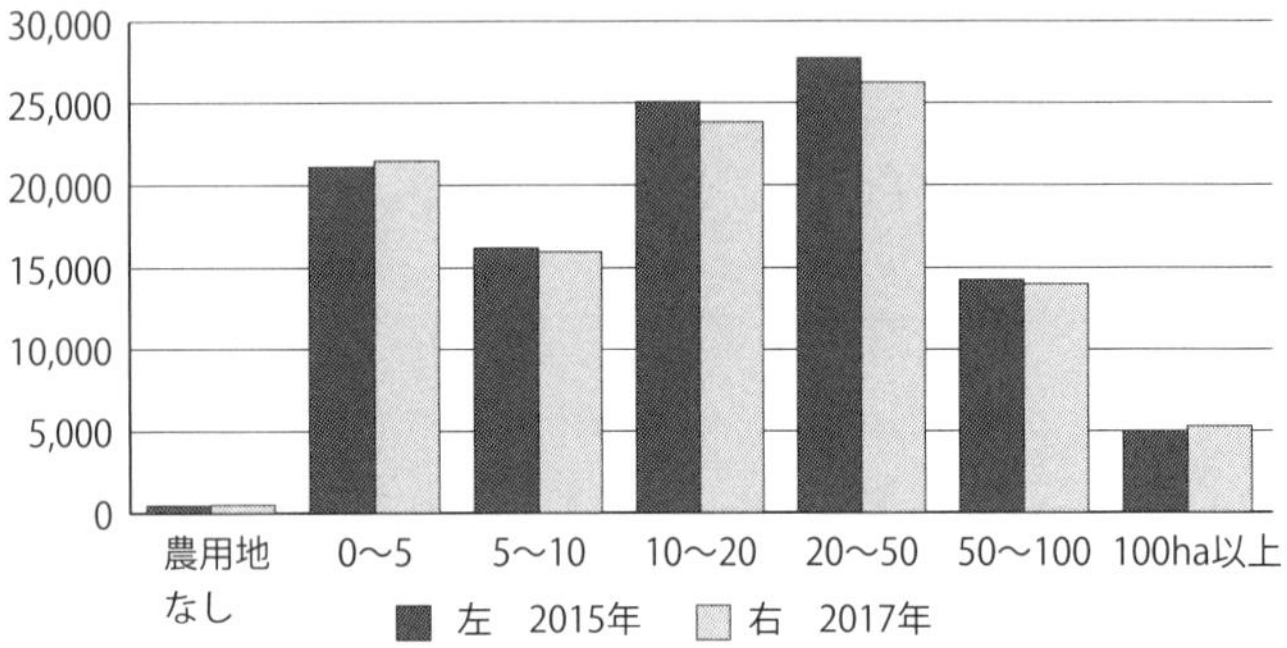

注：総経営数は2015年109,201、17年106,718。なお、州の総農用地面積320万haのうち44%は50ha未満経営による経営。
出所：Bayerischer Agrarbericht 2018

力を超えない(16)。雇用労働力――それも低賃金の外国人労働力――に依存する資本主義企業農場は、野菜など、農作業において手労働が大きい園芸農業部門に限られる。そして、「資本型家族経営」に発展した現代の家族農業経営は、農業生産力の担い手として、法人型大経営にまったくそん色がない。穀作モノカルチュア型の大経営に比べれば、有畜複合経営型の家族経営は「合理的農業」への速やかな移行が可能である。

すなわち、現代の家族農業経営は、マルクスが合理的農業に必要とするとした「みずから労働する小農民の手か、あるいは結合された生産者たちの管理」を担えるに十分な存在になっているとすべきである。かくして、発達した資本主義国における社会主義では、都市と農村の対立の克服という難題が立ちふさがるが(17)、家族農業経営を大経営に集団化させる必要はなく、農業生産の主力を構成する家族農業経営の「合理的農業」の展開を支援する助成措置があればよいのである。

その基本は、エコロジー的合理的農業の生産費を補填する農産物生産者価格の保障であろう。ちなみに、わが国のように、農地確保が自然環境保全にとって重要な意味をもちながら、耕作放棄が広がり農業生産基盤の劣化に直面している中山間地やへき地等の条件不利地域が国土の相当の面積を占める場合には、平坦地など通常条件地域との生産費・出荷輸送費の差額が直接支払いで補てんされて当然であろう。もちろん、その効果的実施には、ＷＴＯの農産物自由貿易体制とデカップリング政策の強制を打破することが前提である。

注

（1）コノー・J・フィッツモーリス／ブライアン・J・ガロー（村田武・レイモンド・A・ジュソーム・Jr.監訳）『現代アメリカの有機農業とその将来』筑波書房、2018年、27ページ。

なお、本訳書の監訳者解説において、私は以下のようにアメリカ農業問題を論じた。

さて、こうしたアメリカ農業の新段階をどう理解するかに関して、常にわれわれの念頭にあるのは、以下の二つの歴史的見解である。

ひとつは、K・マルクスが『資本論』第1巻第13章第10節「大工業と農業」（1867年刊）で言及した資本主義的農業と人間と土地とのあいだの物質代謝、および土地の豊度との関係である。マルクスは、「資本主義的生産様式は、それが大中心地に堆積させる都市人口がますます優勢になるに従って、一方では、社会の歴史的原動力を蓄積するが、他方では、人間と土地とのあいだの物質代謝を、すなわち、人間により食料および衣料の形態で消費された土地成分の土地への回帰を、したがって持続的な土地豊度の永久的自然条件を攪乱する」として、「一定期間にわたって土地の豊度を増大させるためのあらゆる進歩は、同時に、この豊度の持続的源泉を破壊するための進歩である。ある国が、たとえば北アメリカ合衆国のように、その発展の背景としての大工業から出発すればするほど、この破壊過程はますます急速に進行する」と指摘した。

いまひとつは、本訳書の第1章「有機農業をどう理解するか――その略史」でもふれているイギリスの農学者アルバート・ハワード（Albert Howard 1873～1945年）である。イギリスで1945年に出版されたハワード著“Farming and Gardening for Health or Disease”は、1947年に米国版が

“The Soil and Health”として刊行されており、その第3版（1956年）の邦訳が、横井利直・江川友治・蜷木翠・松崎敏英訳『ハワードの有機農業（上）（下）』（農文協・人間叢書、2002年）である。ハワードは、インドでの実験と実践から、腐植や菌根菌の働きに着目して、土壌の肥沃度の回復には良質の堆厩肥の投入が必要だとし、それが作物・家畜の、ひいては人間の健康をもたらすとしたのだが、この『ハワードの有機農業（上）』はアメリカ農業について興味深い指摘を行っている。

第1に、アメリカ農業の「機械化の進展と処女地の略奪」について、それが「植民地方式」（プランテーション）だとして、「この植民地方式の農耕は、もっぱら収奪すること、つまり大自然の蓄積物＝土壌の肥沃度を横取りし、農産物という形に転換しただけのことである。……北アメリカのような広大な小麦地帯では、腐食の富が50年にわたって利用できるほどで、農家はこの富を掘り当てる方法を十分に知っていた。」「要するに、ヨーロッパを支えてきた農耕方式――作物生育と土壌腐食との均衡のとれた状態――つまり有畜複合農業は、ついに海を越えて新大陸に渡ることがなかった。」「近代農業が犯してきた過ちのうちで、もっとも致命的なものは複合経営の放棄であった。」（101〜08ページ）

第2に、森林破壊と土壌浸食についてである。「アメリカで、第二次世界大戦は前例のない規模で、土壌の肥沃度を収奪したのである。旱ばつと砂嵐の続発は、経済不況の時代には農家経済を著しく圧迫した。ルーズベルト大統領の任期中は、土壌保全がもっとも重要な政治的、社会的問題となっていた。」（143ページ）

第3に誤った土壌管理である。「化学肥料、とくに硫安の使用＝腐食含量が高く、安全範囲の大きい所でさえ、化学肥料の施用は大きな危害がもたらされる。吸収同化されやすい形態の無機態の窒素が添加されると、細菌類やその他の微生物が刺激され、その結果、微生物はエネルギー源としての有機物を腐食に求め、ついにはこれを使いつくす。次いで、土壌粒子を結合させている接着力の強い有機物をも使いつくしてしまう。」（159ページ）

（2）K・マルクス『資本論』第1巻・1867年刊、社会科学研究所監修・資本論翻訳委員会訳、新日本出版社、1997年、上製版第1巻b、870ページ。

（3）K・マルクス『資本論』第3巻2・1894年刊、社会科学研究所監修・資本論翻訳委員会訳、新日本出版社、1997年、上製版第3巻b、1426～27ページ。

マルクスのこのような「資本主義的農業と人間と土地とのあいだの物質代謝」についての理解、さらに「土地豊度の持続的源泉を破壊するための進歩が最も北アメリカ合衆国に現れる」とする理解は、J・von・リービヒが『化学の農業および生理学への応用』（初版は1840年、マルクスが『資本論』で問題にしているのは1862年刊の第7版）で展開した議論の核心を全体として肯定的に受け止めたものである。上の引用文の末尾にマルクスは「自然科学的見地からする近代的農業の消極的側面の展開は、リービヒの不滅の功績の一つである」と注記している。わが国で、マルクスの物質代謝論に注目し、リービヒとの関係について指摘したのは、椎名重明『農学の思想・マルクスとリービヒ』（東京大学出版会、1976年）であった。また、吉田文和『環境と技術の経済学』（青木書店、1980年）も、マルクスの考えがリービヒの前掲書での「略奪農業の歴史」についての記述を承けたものであることを確認している。

さらに、MEGA（新マルクス・エンゲルス全集）第4部門で刊行されるマルクスの「抜粋ノート」などを精査して、マルクスの「物質代謝の亀裂」論の形成過程を詳細に追った斎藤幸平は、近著の『大洪水の前に―マルクスと惑星の物質代謝』（堀之内出版、2019年）で、リービヒ自らが『化学の農業および生理学への応用』（第7版序文）において、それまでの鉱物肥料の過大評価を改めて、「略奪農業」に対する批判を全面的に展開したことが大きな意味をもったとしている。

(4)マルクスは、『資本論』第1巻・第3篇「絶対的剰余価値の生産」の第5章「労働過程と価値増殖過程」の冒頭で、「労働は、まず第一に、人間と自然とのあいだの一過程、すなわち人間が自然とのその物質代謝を彼自身の行為によって媒介し、規制し、管理する一過程である」とした。前掲『資本論』Ⅰa、３０４ページ。

(5)レーニン「農業問題と『マルクス批判家』」『レーニン全集』第5巻、１５２ページ。レーニンは、「農業問題と『マルクス批判家』」で、カウツキーが19世紀後半の農学の発展を無視したとする「マルクス批判家」を批判して、カウツキーの叙述を詳細に紹介している。

(6)カウツキー（向坂逸郎訳）、『農業問題』岩波文庫、上巻、95ページ。

(7)カウツキー、同上、上巻、３６２ページ。

(8)エンゲルス以降のマルクス主義においても、「自然と人間の間の物質代謝の亀裂」は社会主義の根本的な解決課題とされたことについては、ジョン・ベラミー・フォスター（渡辺景子訳）『マルクスのエコロジー』（原著はJohn Bellamy Foster, MARX'S ECOLOGY, 2000 by Monthly Review Press こぶし書房、２００４年）が紹介している。

(9)この「みずから労働する小農民の手か、あるいは結合された生産者たちの管理」に関わって、マルクスはすでに１８７４年から75年にかけての手稿で、農民が私的土地所有者として大量に存在するところでは、プロレタリアートが握る政府としては、農民の状態を直接に改善し、農民を革命の側に獲得するような諸方策をとらなければならないのであって、「その諸方策は、土地の私的所有から集団所有への移行を萌芽状態において容易にし、その結果農民がおのずから経済的に集団所有にすすむような諸方策であって、たとえば相続権の廃止を布告したり農民の所有の廃止を布告したりして、農民の気を悪くするようなことをしてはならない」としていた。（マルクス「バクーニンの著書『国家性と無政府』摘要」『マルクス＝エンゲルス全集』第18巻８４２ページ。）なお、マルクスのこの手稿に以上の指摘があることは、不破哲三『新・日本共産党綱領を読む』（新日本出版社、２００４年、３９３ページ）で知った。不破は、マルクスのこの指摘とエンゲルスの『フランスとドイツの農民問題』（１８９４年）にもとづいて、「社会主義的変革と生産手段の社会化」をめぐっては、工業などの場合には資本家がもっている生産手段をしかるべき方法で取り上げ、社会の手に渡すことが社会化の主要な方法になるが、農民の場合には別の方法が必要であって、農民が個々ばらばらにもっている生産手段を、農民の合意と納得を得て協同組合に集めて、農民たちが、より大規模な農業経営を共同でおこなう、これが小農経営が支配的な国々における農業の社会化のいちばん適切な方法だ」として、生産手段の社会化に二つの方法があるとした。

(10)エンゲルス「フランスとドイツにおける農民問題」『マルクス＝エンゲルス全集』第22巻、４９６ページ。

(11)カウツキーは『農業問題』（１８９９年刊）で、１８９５年の農業経営統計から農業経営の経営面積規模別経営数を表示している（上巻、２２９ページ）。それによると、２ha以下が３２３万６３６７経営、２～５haが１０１万６３１８経営、５～20haが99万８８０４経営、20～１００haが28万１７６７経営、１００ha以上が２万５０６１経営である。カウツキーは、プロレタリアート（賃金労働者）が、失業して完全にルンペンプロレタリアートの地位に落ち込まないためにやっている自給的農業を「寄生的な矮小経営」（parasitischer Zwergbetrieb）（同下巻、350ページ）としており、5ha以下経営がそれに相当し、本来的農民経営（農業的小経営）は5～20ha経営層と見ている。

ちなみに、わが国にはドイツ農業史家によるとくにプロイセン東部の農業についての豊富な研究があるが、世紀転換期における農民経営の経済的内部構造に着目したのが、加藤房雄『ドイツ世襲財産と帝国主義―プロイセン農業・土地問題の史的考察―』（勁草書房、1990年）である。とくにその第二章「農民経営と地主経営の事例分析・『プロイセン型』の一帰結」が参考になる。

(12)カウツキーは19世紀末の20年間における世界農産物市場を、海外農業との競争、とりわけ「アメリカの略奪農業（Raubbau）との競争であったとしている。『エルフルト綱領解説』（三輪壽壮訳）改造文庫、1930年、47ページ。

(13)レーニン「農業問題と『マルクス批判家』」『レーニン全集』第5巻、171ページ。

なお、カウツキーは、『農業問題』上巻168ページで、1895年の農業統計では、農業経営100経営当たりで、100ha以上経営では、蒸気犂機を5・29台、条播機を57・32台、刈取機を31・75台利用していたのに、5～20ha経営ではそれぞれ0・01台、4・88台、0・68台利用するにすぎないとしていた。

(14)ジョン・ベラミー・フォスター前掲訳書、262ページ。

ちなみにA・チャヤーノフ（1888～1939、スターリンによる粛清で逮捕され、流刑地で死去）は、まさにネップの最中に出版した『小農経済の原理』（ロシア語の改訂版、1924年）において、「資本主義が、単純な商業資本主義やマニュファクチュアの原初的形態から工場制や全工業のトラスト化へと漸進的な発展段階を辿るように、（社会主義経済への移行形態としての〈引用者挿入〉）国家資本主義も――農業においては協同組合的諸形態に発展しながら――不可避的に、その歴史的発展の漸進的段階を通過しなければならない」としていた（磯辺秀俊・杉野忠夫訳、大明堂、1967年、350ページ）。磯辺は1956年に執筆した「改訂版訳者序文」で、チャヤーノフの研究から、「本世紀から20年代初めに至る頃のロシアの農民経済の具体的な姿をほぼ脳裡に描くことができた。これをドイツ農業と比較するに、その経営組織は、おおよそ一世紀近く、少なくとも半世紀以上の遅れが感じられる。耕種方式、飼料獲得方式したがって養畜組織においてとくにそうである」（同書3ページ）としたうえで、「いまこれに興味を感ずるのは、ただ或る時期のおけるロシア農業の知識としてのみでなく、これを基とした編成替えによって築き上げられたソ連集団化農業の基底に横たわる今日の問題を探る手掛かりとなると思われるからである」（同4ページ）と、農業集団化が「社会主義の勝利」と手放しで評価できるどころではなく、問題を抱えているのではないかと危惧していたようである。

なお、和田春樹は、チャヤーノフの『農民ユートピア国旅行記』（1920年発表、和田春樹・和田あき子訳、晶文社セレクション、1984年）の「解説　チャヤーノフとユートピア文学」で、1928年以降、チャヤーノフが「階級的農民的協同組合から農業の社会主義的改造」を「ソホーズ、コルホーズ、協同組合、残存個人経営の混合体ではなく、郷ぐるみの単一共同経営」でなければならないと、公式イデオロギーに従うような主張をしている（ただし、スターリン的農業集団化を支持したわけではない）」としている（同訳書、179ページ以下）。

さらに、T・ベルクマン（1981年までホーエンハイム大学の国際比較農政教授）は、1995年にF・エンゲルスの没後100周年（エンゲルスは1895年8月5日にロンドンで死去）を記念してヴッパータールで開催されたシンポジウム「ユートピアと批判の狭間で」で、以下のように報告している。

「ロシアでは１９２９年から33年、中華人民共和国では１９５６年から58年に、強引に最後には暴力的に強行された、数百万の小農民の集団化は、エンゲルスの忠告、すなわち、新しい社会、新しい生産関係、新しい生産力に農民がその社会意識を適合させるには時間がかかるという忠告に異議をとなえるものであった。・・農民の考えを無視し、農民が新たな経営方式と一体感を持つことを困難にさせたことが、協同組合（ないし人民公社）が十分な成果をあげられなかったことにつながっている。」Theodor Bergmann/ Mario Keßler/ Joost Kircz/ Gert Schäffer (Hrsg.). Zwischen Utopie und Kritik — Friedrich Engels—ein《Klassiker》nach 100 Jahren, VSA-Verlag Hamburg, S.187-88.

(15)レーニン前掲、１３６ページ参照。

(16)現代ドイツの資本型家族農業経営が大型機械の運転・修理技術を習得したドイツ人を雇用することが経営的に困難であることについては、以下を参照されたい。拙著『現代ドイツの家族農業経営』筑波書房、１３０〜36ページ。なお、家族経営を家族労働力と資本とくに固定資本の相対的重要度によって、「労働型家族経営」と「資本型家族経営」の二類型に分類したのは磯辺秀俊である。磯辺秀俊『改訂版農業経営学』養賢堂、１９７１年、50〜52ページ参照。

(17)エンゲルスは、１８７２年から73年にかけて執筆した、プルードンの住宅問題についての論説を批判する「住宅問題」で、都市と農村の対立問題について、以下のように論じている。

「都市と農村の対立を廃止すること（die Aufhebung des Gegensatzes zwischen Stadt und Land）がユートピアでないのは、資本家と賃金労働者の対立を廃止するのがユートピアでないのと、なんら選ぶところがない。この対立の廃止は、工業生産にとっても、農業生産にとっても、日ごとにますます実際的な要求になっている。リービヒが農業化学についてのその著書のなかで要求したほどに、声高くこのことを要求した者はだれもいない。そこでは、人間が畑からうけとったものは畑に返すということが、つねに彼の第一要求になっており、また、都市、ことに大都市の存在だけがこれを妨げていることが証明されている。ここロンドンだけでも、ザクセン王国全体がつくりだすよりももっと大量の糞尿が毎日毎日莫大な費用をかけて海に流されていることを知り、そしてこの糞尿が全ロンドンを汚染しないように防ぐのにどんなに大がかりな設備が必要とされているかを知るとき、都市と農村の対立の廃止というユートピアは、きわだって実際的な基礎をもってくる。比較的に小さいベルリンでさえ、すくなくとも30年このかた、自分の汚物の悪臭に息がつまりそうになっているのだ。これに反してプルードンのように、今日のブルジョア社会は変革するが、農民はそのままにしておこうと望むのは、まったくのユートピアである。人口が全国にできるかぎり平均に分布するようになったときにはじめて、工業生産と農業生産が緊密に結びつけられ、くわえるにそれによって必要となった交通手段の拡張が実現されたときにはじめて――その場合、資本主義的生産様式はすでに廃止されているものと前提して――、農村住民が数千年の昔からほとんど常住不変の生活をおくってきた孤立と愚昧化の環境から、彼らを引きだすことができる。人間の歴史的過去によって鍛えられた鎖からの人間の解放は、都市と農村の対立が廃止されてはじめて完全となる、と主張することが、ユートピアなのではない。」『マルクス＝エンゲルス全集』第18巻、277～78ページ。

Ⅲ　なぜ農民経営か

ここに紹介するのは、ミヒャエル・ベライテス著『スイスモデルか、カザフスタンモデルか―ザクセン州農村の発展をめざす農業政策についての「覚書」―』（Michael Beleites, Leitbild Schweiz oder Kasachstan? Zur Entwicklung der ländlichen Räume in Sachsen Eine Denkschrift zur Agrarpolitik）の要約である。同書は、２０１２年にザクセン州ハインリッヒ・ベル財団とＡｂＬの出版局から刊行されたものである。

本書は副題にあるように、旧東ドイツのザクセン州を舞台にしている。旧東ドイツは、第2次世界大戦後ソ連邦占領地域であったが、１９４９年にドイツ民主共和国（ＤＤＲ）として独立した。旧西ドイツ（アメリカ、イギリス、フランス占領地域）もドイツ連邦共和国（ＢＲＤ）として独立し、ドイツは１９９０年に再統一されるまで40年間にわたって分裂国家であった。ＤＤＲの政治体制は、ドイツ共産党がドイツ社会民主党を吸収して生まれたドイツ社会主義統一党（ＳＥＤ）による事実上の一党独裁体制であった。

さて、本書の舞台であるザクセン州農村では、西隣りのチューリンゲン州や北隣りのザクセン・アンハルト州の南部と同様に、ということは旧西ドイツの農村と同様に、戦前は中小農民経営が圧倒的であった。その農業構造は、旧東ドイツの北部（エルベ川の東の地域だったので「東エルベ」と呼ばれた）での大規模な領主農場（領主をグーツヘルといい、その俗称がユンカー）が支配的な農業構造とは異なっていた。戦後、旧東ドイツでは土地改革によって領主農場は無償没収によって解体され、零細農民や東部からの避難民に農地が分与された（創設された農家を「新農民」という）。しかし、新農民に与えられた農地はほとんどが5ha未満で、農業機械や肥料なども決定的に不足していたので、安定した農家経営を築くのはむずかしかった。そこでDDR政府はソ連邦のコルホーズ（集団農場）をモデルに、「農業の社会主義的改造」だとして、1960年から本格的に農民の集団化（個々の農家経営をLPG（農業生産協同組合）に統合）を強行した。しかも、戦前には大規模な領主農場が支配的であった北部のブランデンブルク州やメクレンブルク・フォアポンメルン州だけでなく、南部のザクセン州やチューリンゲン州などでも集団化を強行した。

しかも、1990年のドイツ再統一後も、大規模なLPG農場を解体して農地を農民に返還して農家経営を再生させるのではなく、協同組合や有限会社の形態で、大半のLPG農場がそのまま継承されたのである。

ベライテスは、そうしたザクセン州の農村の現状に心を痛め、大規模なLPG後継農場の工業的農業ではなく、農民が主体となった農業の再生こそ環境にやさしい農業へ転換し、豊かな自然環境にあふれた農村の再生につながるとしている。

ミヒャエル・ベライテスは、旧東ドイツのザクセン・アンハルト州のハレ（ザーレ）で１９６４年に生まれている。青年期からドイツ社会主義統一党の事実上の一党独裁に抵抗する運動に参加しており、１９９０年の東西ドイツ統一後は、「グリーンピース」創設委員として活動し、１９９２年にはザクセン州議会の「同盟90／緑の党」議員団の顧問をしている。１９９５年以降はドレスデンでもっぱら著述活動に従事しており、著作は、ドイツ民主共和国史、自然保護、生物史、さらにエコロジー農業についてなど多彩である。

本書では、農民が主体の農業としての「スイスモデル」と、大規模農業としての「カザフスタンモデル」が対比されている。そのカザフスタンとは、中央アジア北部のカザフスタン共和国（北はロシアのシベリア、東は中国の新疆ウイグル自治区、南はキルギス共和国、ウズベキスタン、トルクメニスタン、西はカスピ海に面し、面積は２７２万５０００㎢（面積は日本の7倍強と世界第9位の大国であるが、人口は１８００万人）である。１９９１年にソ連邦の崩壊にともなって、同年12月16日にカザフスタン共和国として独立している。グレートステップといわれるロシア中央部から中央アジア諸国にまたがる世界最大の温帯草地ステップに位置する。カスピ海に面した西部地域は世界有数の埋蔵量を誇る油田地帯である。

このカザフスタンは私たち日本人にはあまり馴染みがないが、ドイツ人にとってはそうではない。かつてロシア帝国時代にロシアに移民したドイツ人の子孫（1897年にはドイツ系ロシア人は179万人に達し、「ヴォルガ・ドイツ人」と呼ばれた）が、第2次世界大戦中にスターリンによって西シベリアや中央アジア・カザフスタンなどに追放された歴史がある。1990年のドイツ再統一後に、カザフスタンからは多数のドイツ系ロシア人がロシアやドイツへ移住したが、現在でも25万人がいるとされている。

著者ベライテスが、スイスと対比してカザフスタンを取り上げたのはドイツとの関係だけでない。というのは、カザフスタンは1960年代にソ連邦のフルシチョフ第1書記の国内農業重視のもとで、とくに綿花の国内自給率を引き上げるために中央アジアでのいわゆる「処女地開発」が行われ、大規模灌漑農場がつくりだされたが、それがたいへんな環境問題の原因になったからである。それまでの小さなオアシス農業の村は、アラル海に流れ込んでいたシルダリア川やアムダリア川から取水された長大な農業用水路によって、ソフホーズ（国営農場）やコルホーズ（集団農場）の大規模農場に変貌し、遊牧民が羊とともにくらしていた沙漠が緑の綿花畑や水稲栽培の水田になり、荒野沙漠は緑の農地になった。灌漑農地は1950年には400万haであったのが、85年には670万haにもなった。増えた270万haというのはわが国の水田総面積240万haを上回り、その大きさを想像できる。ところがこの「沙漠を緑に」「社会主義の勝利」ともてはやされた開拓事業は、アラル海の干上がりによる湖面積の縮小（琵琶湖の100倍の面積が半世紀で琵琶湖10個分に縮小）、湖水の塩分濃度の上昇、魚類の絶滅による沿岸漁業の壊滅をはじめとする「アラル海環境問題」とされる「20世紀最大の環境破壊」につながったのである。さらにカザフスタン共和国東北部のセミパラチンスク州では、ソ連邦時代の1949年から63年までに何と合計467回もの核実験が行われた。その結果、周辺地域では放射線被ばく障害に苦しむ住民が数多く残されているという。これらについては、石田紀郎『消えゆくアラル海』藤原書店、2020年刊が詳しい。

○注は訳者注である。

○なお、原著の多数の参考文献のなかから、引用文献だけをナンバーをつけて末尾に掲載した。

ミヒャエル・ベライテス『スイスモデルか、カザフスタンモデルか —ザクセン州農村の発展をめざす農業政策についての「覚書」—』

1　何が問題か

スイスかカザフスタンか。この両国は農業構造においてまったく対照的です。スイスでは今日でも中小農家が支配的ですが、だからといってこの国が遅れているということではありません。スイス農業では農用地100ha当たりでは、東部ドイツ農業の5倍もの人間が働いています。スイスには、特徴的かつきわめて多様な農村景観が保存されており、そこでは価値の高い高品質の食料品が生産されています。これに対してカザフスタンでは、ソ連邦時代のコルホーズやソフホーズを継承した5000haから4万haにいたる大規模経営が支配的です。カザフスタンはかつての社会主義諸国のなかでは土地集中度がもっとも高く、経営数では10%の最大規模経営が全国の農地全体の99%を占めていました（ロシ

『スイスモデルか、カザフスタンモデルか』表紙

著者：ミヒャエル・ベライテス

ア95％、旧ソ連邦のジョージア10％、ラトビア20％、リトアニア30％、エストニア60％、ウクライナ90％）。カザフスタンのステップ農地では巨大な面積の穀物モノカルチュアです。収穫物の大半は輸出されます。高水準の機械化耕作・収穫にともなって、カザフスタン農業では面積当たりの就業者はわずかです。またカザフスタンのステップ景観[1]は、もともとスイスの山岳・丘陵景観よりもずっと単調であったにしても、その景観を大面積経営がさらに単調化したのです。

さてドイツではどうでしょうか。ドイツの農業構造はデータ的にはスイスとカザフスタンの中間にありますが、それは統計上の平均値にすぎません。実際にはドイツの農業構造は、再統一[2]後の20年間にあってもまだ大きな裂け目があります。西部ドイツではスイスの方向へ、東部ドイツではカザフスタンの方向への動きがあるのです。農業経営の平均規模（２００７年）は、西部ドイツでは35・４ha、東部ドイツでは１９７・２ha（スイス20ha、ザクセン州１１０・５ha）です。農用地１００ha当たりの就業者は、西部ドイツでは９・60人、東部ドイツでは２・86人です（スイス16・28人、ザクセン州３・93人）。

農村ではドイツ統一はまだ終わっていません。東部での農業経営平均規模は西部の５倍以上です。経営規模５００ha以上の経営が農用地全体に占める割合は、シュレースヴィヒ・ホルシュタイン州６・

５％、ニーダーザクセン州３・３％、ノルトライン・ヴェストファーレン州１・４％、その他の西部諸州では１％以下です。５０ha以上経営が東部諸州で占める割合はほぼ70％です。さらに驚かされるのは、２００３年にＥＵの共通農業政策（ＣＡＰ）が面積に応じた直接支払い[3]に転換して以降、東部ドイツでは「土地取引の停止」が始まり、すなわち土地配分があたかも凍結されたような事態になっています。それが意味しているのは、再統一されたドイツの農業構造の変化は、この20年間において、西部がむしろ東部に

図Ⅲ-1　ドイツ（州別）

接近することになったところにあります。

グローバルにみれば、カザフスタンの方向が趨勢になっています。技術進歩は農業生産力を著しく引き上げており、農業生産力の上昇と農業補助金による農産物価格の低下は、「構造変化」とされる農家の没落につながっています。それはスイスにも止めようがありません。どこでも小規模かつ複合的な農家は離農を迫られ、大型の専門化した経営がますます大きくなっています。農業を他の経済部門と並ぶひとつの経済部門とみなすならば、それは進歩や競争、そしてグローバリゼーションの論理にかなっており、必然的で引き留めようがないとされるでしょう。そうした観点からすれば、旧東ドイツの社会主義政権によって力ずくで生み出された農業構造は、西側に対して東側での進歩・飛躍であったとされるでしょう。しかしことがらは別のものとしてみることができます。東部における農業発展のおそらく先取りされた将来がまったくはっきりさせているのは、単に経済的側面からだけで発展した農業は、しだいにすべての国民の生活条件や生活の質を危険にさらすということです。「将来」起ろうとしているのは、東部において今日すでに西部よりはっきりしています。現代農業とされるものが生み出しているのは、

- 経済的弱体化、文化的貧困化、そして最後に農村の過疎化、
- 自由と自立性が失われ、農村住民が疎外される、
- それぞれの地域でのエネルギーや食料の供給能力の低下、

・農村景観の単調化、
・農業環境における種の消滅、
・土壌の破壊（有機質の喪失、土壌の硬化、汚染物質の増加）、
・地下水の汚染、
・専門主義や利益だけを考える傾向が強まり、農業者の一般的知識や実践能力が失われる、
・そしていうまでもなく大量生産される農産物の質も低下する。

そのうえに起るのは、農地所有が超富裕な非農業者である少数者に確実に集中し、わが国の自由かつ民主主義的秩序が掘り崩されることです。国民への食料供給がほんの少数者に依存することになれば、それら特権的少数者は将来の政府を脅すことができるでしょう。東部ドイツの農業セクターでは、金権政治的寡占構造の道がすでに開かれているとみなければなりません。

こうした方向がまちがっていることを示す主な特徴は、影響力の大きな少数者の個別利害が一般的利害にますます優るようになっていることです。結局のところ、略奪耕作によるコストを公共が担わざるをえなくなります。たとえば、

・農村にとっての構造改革を助成し、すなわちそのインフラストラクチュア（一般的医療の基礎的給付を含む）を自力で整備し、維持することはもはや不可能、

・自力ではやれない農村住民に対する社会的給付、
・地下水が広域で硝酸塩や農薬で汚染されているために、上水道の集中化が必要、
・低品質食料や運動不足（さらに仕事のない外国人農村住民）による文明病に対処するコストに影響。

農業を他の経済部門と並ぶ純粋に一つの経済部門と見なし、それに相応したあつかいをしてよいのでしょうか。戦後に再導入された農業補助金は明らかに食料価格を引き下げており、したがって国民がより多くの工業製品を買えるようにするという目標に貢献したのであって、それが経済成長（同時に自然の消費も）を大きく高めたのです。農業への補助金支出が抑えられていたならば、農産物の価格低下や、工業社会のエコロジー危機は緩和されていたと考えられます。それでもやはり多くの人は農業問題には特別の注意が払われるべきだとするでしょう。しかし、それは農業が急速に変化する工業の条件に適応すべきだということではないはずです。むしろ問題であるのは食料獲得のための土地利用が第一次的生産として重視され、首位に置かれるべきであるということです。そうであるならば、問題はいかなる経済がいかなる方向に向けられるかです。農業はどのような人間社会においても基礎経済と理解されるべきです。したがって農業はそれ自体が永続的に機能できるべきであって、いかなる外部費用⑷の原因にもなってはならないのです。

したがって農業問題を個々に取りあつかうことに意味があるとするならば、それは何よりも以下の理由によります。農業（とくにその農民的形態において）は、経済的、社会的、エコロジーの観点からすると、狩猟・採集文化時代から存在する人間社会のいずれにおいても土台であったのであって、現在でもそうです。近代の工業社会もまたその社会的な、人間生態系的な体制としては農耕文化の一要素です。それを担う土台をいいかげんにあつかい、否定し、ないし押さえ込んでしまおうとする文化は自滅を避けがたいのです。農耕文化時代（約1万年前）に入って、農民的家族経済はいずれの段階の文化においても土台であり、担い手層でした。「産業革命」にいたるまで、人口の80％は農民でした。世界中で今日でも就業人口の38％は農業で働いています（極東やアフリカでは50％を超える）――工業国では3％以下ですが。そこで、ここには以下のような基本的な問題があるのです。

・農業就業人口の割合の低下は進歩の基準たりうるか、
・そうした傾向はどこに向かうべきか、向かうことができるのか。

農業政策がそれに対応するだけでなく、それを促進しようとするのであるならば、こうした問題の解明が必要です。

赤ん坊を水といっしょにたらいから洗い流すべきでないのであって、また都市住民からは農業の基本的な生産が期待されており、「都市民の自立的存在」とか「都市農業」といった理念にどう応えるかです。全体として健全で安定しており、自然と協調した社会は、明らかに今日の東部ドイツ諸州におけるよりもより幅広い農民的な土台をもっています。したがって農業で働く人口割合の減少をもって「進歩」とするような考え方は批判的に問い直されるべきです。

真の農業の分野での大転換の道を開くには、すなわちこれまでの傾向とは対照的な政治の方向を切り開くには以下を理解することが必要です。

・骨は折れるがやりがいのある自然に結びついた農民の労働が、他の分野の国民からより尊重されること、
・都市と農村の離反関係が克服されること、ならびに
・それ以上に明白であるのは、東部ドイツの農業構造の特殊性は「成長した」のではなく、DDR時代の独裁的な強権支配によってつくりだされ、再統一後も本格的な転換が行われていないこと。

2　われわれはどこに立っているか――ザクセン州の農村の実態について

ザクセン州の村々には美しい農家があります。農家はひと棟の住宅（畜舎と一体的なものが多い）と、二棟ないし三棟の経営用建物（畜舎、納屋、道具庫）で成り立っています。しかし現在では、ここには本来の意味での農民は存在しません。今日では、ほとんどが副業経営です。「近代的」という工業的農業生産が、東部ドイツにおいては農業生産協同組合（LPG）(5)の後継企業として主流になっています。古い農家の経営用建物はもはや本来の目的では使われていないか、まったく使われていませ

ん。多くの場合、それらは維持もままならず、次第にボロボロになっています。農民のいなくなった村落は、まもなく農家ではなく、ガレージないしカーポートのある住宅だけになっていくでしょう。

こうしてこの数十年に建てられた村の新しい建物は、新たに生まれた都市近郊宅地のものと変わりはありません。その住民も、周辺の景観の利用や保全において都市住民と変わりなく、生活の一部を食料自給にうまく利用するといったことはできていないのです。したがって、村には就業機会は存在せず、今日の農村住民は2つのグループに分けられます。一群は自動車で毎日都市に通勤する（または西ドイツに毎週通う）住民。もう一群は無職者であって、これには失業者として100％社会保障で暮らしている、すなわち農村にならある食料自給の潜在力（野菜畑、小規模農業）をまったく活用していない人々も含まれます。さらに、自分で車を運転できず、外部の援助にまったく頼っている高齢者もいます。

中庭つきの四辺形の農家ならば、所有する耕地や草地とともに、数人の雇人といっしょに一家族が生活することができていたのです。多くの農村住民は、自分が造りだした居住環境のもとで小規模事業者として働いたのです。その場合、村には鍛冶屋、指物師、商店、食堂、靴屋、医師、村役場職員や牧師もいたのですが、今日ではそれらはほとんど残っていません。その理由は主に二つあります。ひとつはモータリゼーションとオイル安が進み、毎日のバターやパンが都市で買われるようになったこと、もうひとつは農村には基幹的な階層としての農民層がもはや存在していないということです。

（1）東西ドイツの農業構造比較

ドイツは農村についてはまだ大きく分裂したままです。東部の農業構造は、まだ西部の現状への接近は凍結されたままです。EUの面積当たりで支払われる農業補助金という農外からの理由で、すべての農業経営に農地を手放させなくさせました。これが東部の新連邦州では、LPGの後継者が支配的であった農業管理を支援する効果をもつことになりました。農業の集中、専門化、そして工業化が、今日では東部連邦州における農業構造になっています。

景観の特徴がすぐわかるのは、個々の圃場がたいへん大きいことです。西部のヘッセン州の平均圃場規模が1・3haであるのに対し、東部のザクセン州では17haです。東部では畜産経営は一般的に大量に家畜を飼育しています。西部ドイツでは搾乳牛100頭以上経営は5～15%にすぎないのに対し、東部では80～95%の酪農経営は100頭以上飼育です。肥育養豚では、西部では1000頭以上経営は10～30%、東部では80～90%です。採卵鶏では10万羽以上経営が西部では10～40%、東部では55～80%です。

東部の農業経営の平均規模（197・2ha）は、西部（35・4ha）の5倍も大きいのです。500ha以上経営が総農用地面積に占める割合は、シュレースヴィヒ・ホルシュタイン州6・5%、ニーダーザクセン州3・3%、ノルトライン・ヴェストファーレン州1・4%、その他の西部諸州は1%以下です。ところが東部諸州ではザクセン州の64・4%からチューリンゲン州の72・9%です（2007年の農業構造調査結果による)。

東部ドイツ諸州においては、EUの面積単位の農業補助金が、そのほとんどがLPGの後継農場であった1000ha以上の大規模経営にとってたいへん有利なものになりました。大規模なLPG後継農場は東部ドイツの農業経営の15%にすぎないものの、総農用地の60%以上を占めています。5%の農場がブリュッセル（ベルギーにあるEU委員会の所在地）の資金の50%を得るというのがブランデンブルク州について指摘されていますが、これは公平ではありません。

地理学者のH・クリューター［1］が指摘しています。

「北部ドイツには逆ピラミッドの所有分布が存在し、少数の大経営が最大の土地を利用し、その所有構造は新封建主義とでも特徴づけられそうである。……北部ドイツにおける新封建主義的所有関係は、農村から資本を量的に奪い取るだけでなく、農業の競争条件でも否定的な影響を与えるのである。市場の動きに柔軟な中小経営が、柔軟性に乏しく、補助金に大きく依存する大経営によって駆逐される。資本規模が大きいことで、大経営は中小家族経営よりも高い地代を支払える――少なくとも後者が市場から駆逐される程度まで。」

ドイツの景観をタイプ分けした地図によれば、「多様性に富んだ景観」は全国では全面積の7・9%ありますが、東部ドイツ諸州では0%です。農村地域の経済的貧困化、農村景観の単調化、種の絶滅、遺伝子組換え作物の栽培、大規模畜産、農業関係から生まれたエネルギー作物の生産、輪作の一面化、もしくは有機農業の「慣行栽培への漸進的移行」――これら東部ドイツにみられる農業の否定的な動きは、いずれも西部ドイツよりも際立っています！

（2） 東西比較におけるザクセン州

東部ドイツ諸州の比較では、ザクセン州における農業の集中と工業化は、メクレンブルク・フォアポンメルン州、ブランデンブルク州、ザクセン・アンハルト州ほどには進んでいません。ザクセン州の平均経営規模は110・5haであって、東部ドイツの平均197・2haよりもずっと小さいのです。

しかし1945年以降の変化となるとザクセン州は他の北部諸州よりずっと大きいのです。歴史的に大農場中心で、全体としてずっと貧しい地域であった北部ドイツとは異なって、ザクセン州、チューリンゲン州、そしてザクセン・アンハルト州の南部では50年以上前には、生産力が高かった中小農民経営が支配的であったのです。戦前にはメクレンブルク州では農用地のほぼ50％は100ha以上の大農場が経営しており、ザクセン州ではそれはせいぜい10％でした。北部ドイツ（とくに東エルベ）[6]では農民層は早くから周辺に追いやられており、農業分野においては、一方では少数の農場所有者ないしは管理人、他方では多数の従属的農業労働者から成り立っていました。ところがザクセン州やチューリンゲン州では、それとは反対に、圧倒的に自由で自立した農民が担う農業構造が存在したのであって、それは西部や南部のドイツの状況によく似ていたのです。

こうした歴史的差異を理解するためには、以下のようなH・プリーベ［2］の指摘が参考になります。

「19世紀初めには東西ドイツの経済構造や人口密度にはほとんど差はなかったのであって、東部ドイツではその後まったく異なった展開になったのは、まちがった農業改革の大きな影響による。農場領主と農村住民のかつての関係の分離からまったく異なった社会構造と農業が生まれたのである。古い村落がほとんど消滅した。それは今日でもドイツのもう一つの部分では農村住民の中核をなしている農村手工業者や小農の幅広い階層がいなくなってしまったからである。広大な私有地をもつ大領主農場が生まれ、おそらくそれは大きな庭園に囲まれ、その背後にはいわゆる使用人の住居があって、それはかつての小農民のみじめな住居であって、彼らには大農場に最低条件の労働力として意のままにされるか、村から流出せざるをえなかったのである。……社会的腐敗の結果は、地域の経済的停滞であった。その原因は後に主張されたような資源の不足にあったというよりも、むしろ手工業者、小農民と中産階級という自立した住民層の小営業や製造業を支持するうえでぜひとも必要な創意性が欠如していたことにあった。それに対して、西部および南部ドイツでは、広範な土着の農村住民が、多様な過渡形態をともなった商工業の分散的な発展にとっての恵まれた前提条件を提供した。ところが北東部では商工業のわずかな発展は数少ない港町に限られ、19世紀の後半に西部で工業が新たな展開をみせるや、土地なし住民の急激な流出につながったのである。ほんの数十年の後には、東部行政区域はその人口密度において最低の地位を占めるにいたった。」

さて、当時の予測からすれば、ザクセン州やチューリンゲン州では、農民が主体の農業が組織的に発展できる見込みがありました。ところが、この両州では50年ほど前の農業の強制的集団化によって、農民的な農業構造が破壊されたのであって、それがこの両州を「東エルベ」の一部にすることになりました。ところがです。1990年、すなわち集団化から30年後、またDDR時代の農業の工業化の15ないし20年後にあっても、ザクセン州には1万を超える農家、私的土地所有、そして農村住民の大半には、生き生きとした農民家族の伝統が幅広く存在しました。農村地域にはスイスを模範にした再生の可能性が存在したのです。しかし、1990年以降のザクセン州農政は、メクレンブルク・フォアポンメルン州ないしブランデンブルク州の農政とは基本において差はありませんでした。

2010年の「ザクセン州農業報告」によれば、ザクセン州でも農場の荒廃ないし「農民の滅亡」が進んでいたことがわかります。農林業就業者数は2000年の5万2900人から2010年には4万100人に減少しました。つまり2000年から毎年平均で1160人の農業の職場が失われたことになります。私人（主業・副業個人経営、人的会社）(7)と法人（協同組合、有限会社、その他）間の土地利用割合では、40%対60%と法人の方が優っています。

ところが2007・08年の作柄がたいへん良かった年でも、法人経営と規定された東部ドイツ大農場（平均で1200ha）は、補助金を除くと29万4000ユーロもの大赤字でした。農業報告ではたいへん高い収益性だとされた経営や経営部門は、補助金によってようやく成り立っているか、補助金なしにはやっていけないということなのです。

(3) 一般的な危機

農業の工業化は生活の質と農村地域の経済的潜在力を掘り崩してきました。多くの場所で農村人口の流出が顕著になっています。食料品は粗悪であるだけでなく、殺虫剤が残留し、ホルモン剤や抗生物質、抵抗性の強い細菌に汚染されており、消費者の健康を脅かし、環境汚染とともに社会にきわめて大きなコストを生み出しています。

3・1 景観破壊と種の絶滅

農業景観における種の絶滅は生態学的問題であるだけでなく、文化的荒廃でもあります。通常の農村景観、とくに中小農民が中心の中部および南ドイツでは、比較的小面積の多様な農民による農地利用、たとえば耕地、園地、緑地、果樹がある草地、垣根、雑木林などのモザイク模様が特徴でした。以前にはあった普通の種類の野生動物や植物たとえばノウサギ、野ハムスター、ヤマウズラ、コキンメフクロウ、ムギナデシコ、マッシュルームなどが消えてしまったか、伝統的な農民による耕作方法が追いやられるのにともなって消えかかっています。空っぽにされた農耕景観は、そこではノウサギの子もヤマウズラも、蝶が飛んでいる花のある牧草地はどこにもなく、文化的な見方からすれば、それは爆撃された都市のようなものになっています。

これまでの農業者に対する特別の助成施策も、たとえば耕地側帯設置助成や果樹散在草地助成、囲い地助成などは、種の絶滅をほとんど食い止められていません。というのは「景観保全」の方法、とくに大型草刈機による自然保護は、伝統的な利用方法の見せかけにすぎないからです。典型的な農村景観は、かなり生態学的に重要な行動パターンを、千年にわたる農民的土地利用方式にとらせてきたことによるものです。その農耕方式はほぼ100年前まではほぼ変化していなかったのです。この50年の農業のやり方の急激な変化があって初めて、農村景観の生態系は大きく変化し、文化親近性動植物種(8)の「進化速度」はそれに追いつけなくなったのです。農民による土地利用から切り放された「景観保全」事業では、伝統的な農耕方式の生態系に対する効果に置き換えることはできません。

数百年来の、もしくは千年来の伝統的土地利用のもとでは、光に満ち、多彩な構造をもったきわめて多種類の動植物にあふれた農村景観であり、それは常に再生されていました。ところが、今日では、公園ないしサバンナのようなものになってしまっています。景観は極限状態になっています。一方では森林という要素に、もう一方ではステップないし荒野という要素となって、中間形態が消えてしまっています。伝統的農村景観という生息場所とともにその動植物種「文化親近性動植物種」も消えてしまうのです。人々はもはやわが家にいるような気にはなれません――人々にとっては、その環境が足早に代わり映えのしないものになっていくのをもはや止めようがないのです。

生態学的空間を「自然のままの原野」と「農村景観」に区分することは、今日の状態では適切だとはいえません。というのは永続的に人為的に大きく作り変えられた景観は、生態学的プロセスの自由な推進力によって形成された空間（自然のままの原野）とは対照的であって、農耕の産物のほんの一部にすぎないからです。農民が景観から姿を消すのにともなって、〈人の手の加わった〉農村景観は、人の手の加わらない農村景観に変わってしまいます。農村景観をつくりだした慣習的な利用形態においては、今日では経営的に採算が取れないとされる小農民の経験が圧倒的に重要ですが、大きな問題は彼らの実践的な経験上の資産がしだいに廃れているということです。

H－C・ヴァーレ［3］は、著書『私たちの景観の植物層』を以下のような言葉で始めています。

「今日、住宅地の外の景観を見渡すと、その姿がとくにふたつの要素から成り立っていることがわかる。ひとつは、ハイテク農業の機械にふさわしい大圃場であり、いまひとつは、大圃場の周辺ないしその間に残されているキイチゴや灌木や立ち木の藪である。人の姿はほとんど見かけない。ある時間にだけ、広大な耕地に1トンもあるようなトラクターが作業機を引っ張って現れる。機械は人を必要とせず、閉じられた運転台には誰も乗っていない。農民は冷暖房のきいた住居にいて、イヤホンで音楽を聴きながらでも圃場にいるのと同じスピードで作業ができる。」

ヴァーレにとっては、問題は主に以下の点にありました。今日の自然保護の概念が、それが静的か動的かであることに違いはなく、「否定的な人間像」にもとづいているということにあります。どちらとも妨害要素としての人類から景観を観念的にも実践的にも清掃することが問題なのです。こうした実際の自然保護観念が基本的に誤っていることをはっきりさせることが重要です。しかし、問題はもっと深いところにあるようです。「厳しい肉体労働からの解放」（ヴァーレ）は、私からすれば、その肉体労働が健康に直接有害である場合には必要でしょう。しかし、健康に有害である肉体労働であっても、なおそれからの解放が農業の非農民化をもたらし、トラクター運転手を圃場から追い出すならば、それは不必要だし、問題だということです。

3・2　農薬とミツバチの死滅

「農家が荒れ果てる」ことが「種の絶滅」と直接的に関係しているとするならば、ここではミツバチの死滅についてふれなければなりません。近年、急激にミツバチ群の崩壊が進んでいることを、ただ一つの原因に求めることはむずかしいでしょう。ミツバチ群が弱り、養蜂家の収益を実際危うくしていることは、多くの要因によるものです。ミツバチ死滅の原因をひとつに絞ろうとする試みは、いずれも他の諸要因を否定し、問題全体を解決する対策を幅広く見つけだすことを難しくします。確かであるのは、ダニとそれに媒介されたウイルスが大きな役割をはたしていることです。しかし、環境要素を原因とする以上に、ミツバチ群がたいへん弱くなっており、ミツバチ疾病に抵抗力を弱めていたことも考え

なければなりません。ミツバチ群の環境に対する脆弱性は、

・農業による常に新たな有毒物質の投入。その一部は消滅するのに時間がかかり、ミツバチの帰巣本能を傷つける（ネオニコチノイド系農薬）

・モノカルチャーや輪作の貧弱化によるミツバチが運んでくる花粉・花蜜の劇的な減少

・さらに「電気スモッグ」(9)とされる攪乱、ないし自然電磁作用の重なりも原因でありえます。

さらにほとんど語られない要因も過小評価されるべきではありません。それは中欧ミツバチ種（Apis mellifera mellifera）がカーニオラン種（Apis mellifera carnica）に大きく駆逐され、ドイツでは20世紀の半ばからは同系交配種になったことです。カーニオラン種の優位性はその温和さと蜂の巣の安定性にあり、気候に対する順応性についての欠点は当初は問題にされていなかったのです。季節外れに開花が早まったり、また晩夏に幼虫の発生が早まったり、冬に弱くなった群、大きすぎる群の比率が高いことなどが指摘されています。

もっかの最大の問題は、ナタネ圃場への殺虫剤の過剰な散布にあります。人口集中地域の大気汚染問題はありますが、今では都市の養蜂家の方が、農村の養蜂家よりもより安全なハチミツを生産している可能性があります。農村にはまとまった林地以外には、ナタネ圃場から2㎞以上離れた場所は実際のところ存在しなくなっています。ナタネ圃場には農薬散布が集中してなされており、殺虫剤はミツバチに直接影響します。また殺虫効果を内蔵する遺伝子組換え作物も、ミツバチ群の脆弱化につながっていま

す。以前のように養蜂業が農民が主体の農業と一体的であった時には、工業的農業はミツバチにとっては問題でありませんでした。ところが工業的農業が支配的になると、土着のミツバチ品種が駆逐されるだけでなく、ミツバチすべてを養蜂業から奪ってしまいます。

3・3　偏ったエネルギー作物栽培と土壌の劣化

最近の20年において、補助金でもっとも優遇され、同時にもっとも問題であるのはナタネです。ナタネは窒素肥料をたいへん要求し、殺虫剤の撒布はその回数も量も多いのです。ザクセン州の多くの地域で、ナタネ栽培農地は農用地の3分の1近くにもなっています。農薬散布量がきわだって多いにもかかわらず、――それはミツバチに大きな危害となり、土壌活性を損なう――ナタネ病害やナタネ害虫であるチビケシキスイ（Rapsglanzkäfer）はますます増えています。とくにナタネの花が散った後に、チビケシキスイが大量に他の黄色やオレンジ色の花をつける植物にたかり、露地での切り花の有機栽培に大きな損害を与えることになります。ところが、ナタネ油から得られる「バイオ燃料」は有機農業に対してなすことはほとんどありません。反対に、ナタネ栽培が環境に与える負荷は極端です。ナタネはエコロジー的には問題の大きい作物です。ナタネと有機農業はわれわれからすればそれは共存できません。

過去にはエネルギー作物(10)の栽培による再生可能エネルギーの獲得が、社会の焦点に大きく浮上したことがあります。エネルギー作物の栽培の増加は、基本的に歓迎されることでした。理論的にはそれはまた耕地での輪作も景観形成も豊かにします。しかし、再生可能エネルギーの生産の過度な促進の結果、エネルギー作物栽培が農業の関連性のなかから浮き上がってしまう傾向が強まったのです。大農場が（高い補助金のおかげで）高価格で農地を買収ないし借地してますます大きくなり、輪作を避けて毎年ナタネのモノカルチャーになる事態が生まれました。エネルギー作物の栽培はもはや本来の農業の作付けとはいいがたいものです。というのは、それは輪作（同じ圃場での作付け作物の規則的な交替）をはみだしており、比較的短い期間に土壌を荒廃させます。同様にトウモロコシの過剰な栽培もまもなく腐植質バランスに否定的な影響を与えるでしょう。それは「持続的」ではないのです！

そのうえに大型のエネルギー事業所は分散的ではなく、集中的なエネルギー生産をおこなっています。その原料生産に利用された面積は周辺20㎞にもおよび、長距離輸送に必要な燃料の大きさは、当該事業所のエネルギーバランスを崩しています。ところが農民経営のエネルギー生産の潜在力はほとんど利用されていません。生け垣や雑木林は以前には美観理由だけでなく、農家には薪が暖房エネルギーの自給を保証していたのです。

3・4　収益性だけに偏った教育と責任感の低下

結局のところ農業のまちがった発展方向には、農業職業教育の一面性にも原因があります。現代の農業教科書を一度開けてみるがいいでしょう。そこに見られるのは、一片の農地から健全な食べ物をどう獲得するかという問題そのものが、経営成果（「生産過程」の経営経済的重要性）に置き換えられていることです。あらゆる農業活動がただちに収支計算に換算されるのです。

農業者が金銭の考えだけで教育されたならば、彼らにとっては経営収益の最大化に意味があり、生産物の質や、農村地域の生活環境や自分のやり方が大きなコストを生み出していることなどどうでもよいというのは当然のことです。大学のカリキュラムにたとえば養蜂の基本コースがほしいですね。それを学べば、まだ見習い中の農業者や農学者は、自分の行動を社会的かつ生態学的な全体の関連性にうまく順応させられるでしょう。

3・5　工業的農業と農村地域の過疎化、そして政治的急進化

東部ドイツにおいて工業的農業が優勢になったことは、景観破壊と大規模畜産をもたらしただけではありません。大農場はほとんどが、きわめて非労働集約的な作物（穀物とナタネ）を栽培するだけで、そこで働いている人間は小規模な複合的経営よりもずっと少数です。いずれにしろ農村地域の趨勢になっている経済的弱体化は、農業の集中によってさらにひどくなります。ザクセン州でも都市から距離のある村落からの人口流出はすでに相当のもので、多くの場所で過疎化が語られています。村から離れる人々にとっては、自由、自立、参加機会を失う痛みをともなった過程であって、――それは今日の「政治システム」が全体として責任を負うべきものです。実際のところ多くの人が語るように、それは

東部ドイツにおけるまちがった農政が農村住民の政治的雰囲気のもとで作りだしたものなのです。

J・ゲルケ［4］が言っているように、東部ドイツの農村地域における選挙でのきわめて高い棄権率と極右諸政党の平均的に高い得票率は、既存政党の農政への農村住民の失望が大きいことと関係しています。

「要するに70万人以上の、東西ドイツ統一後に不利な立場に置かれた人々、すなわちＬＰＧ組合員でなくなった人々、約30万人の、戦後の土地改革で得た相続権を、１９９０年の統一前後に失った人々、そして統一後の東部で自家農業を始めたいと希望したものの組織的に冷遇された4万人の農民、合計すれば１００万人以上の人々が、東部ドイツの農村で直接不利な立場に置かれた。その家族員も合計すれば、失望させられた有権者は数百万にもなるだろう。その人たちの多くが選挙に行かないのももっともだ。東西ドイツ統一後に東部ドイツの（農業）政治家は、大半がかつてのＤＤＲ農業幹部であった小グループに大金を注ぎ込み、多数の農村住民を冷遇したのである。」

3・6　安値輸出と新植民地主義

過剰生産を理由に、欧州の工業的農業は、自らを増加する世界人口に対する食料供給者たらんとしています。しかし、世界のすべての国民が永続的に海外の食料供給者に依存するといったことがありうるでしょうか。緊急の苦境においての幸せは、長期的には有益ではないはずなのです。人為的に値下げされた食料のアフリカ貧困国への輸出は、その苦しみを短期的に和らげるだけです。長期的にはそれはアフリカ諸国を北の国々へ依存させることになるのであって、それは自国の地域農業の再生を妨げ、食料自給力を掘り崩すからです。

加えて世界市場のための補助金つき生産は、他の国々や大陸の農業者に対する競争圧力を強めることになります。それは環境的にも社会的にも問題のある農業の工業化を、財政の豊かでない国々、すなわち就業機会を失った人々に公的手段で生活を保障することが困難な国々においても加速させることになります。

(4) 生態系保全運動の盲点

種の絶滅の最大の要因が何であるかが、環境運動の単なる副次的テーマにとどまっているのは不思議なことです。現代農業が最大の要因なのです。今日にいたるまで、土地の耕作方法が生態学的に重要であることがひどく軽視されてきました。生態学者のJ・H・ライヒホルフ［5］は、以下のような見解に達しています。

「1970年から2000年にいたる間の、最悪5%の種やビオトープ(11)の喪失の責任は、工業、交通、建設にあると考えられるが、その間の、種類によっては種の喪失の責任の70〜95%は農業にある。もちろん、それは農業一般の問題ではなく、1970年代以降に普及したモータリゼーションのもとでの経済的圧力によって普及した特殊な耕作方法が問題なのである。」

緑の党の運動にとって、緑地は盲点でした。彼らは種やビオトープの喪失の原因の究明において、多くの工場が（おそらく）グローバルな範囲で与える環境への影響に焦点を当て、工業的農業が与えるさしあたりはローカルにしか現れない環境への影響は比較的小さな問題とみてきました。

多くのグローバルに問題を捉える生態学者たちにとっては、「ガイア理論」(12)はイギリスの医師J・ラブロックが生物学者L・マーグリスといっしょに理論化したものであり、グローバル化時代にふさわしい生態学的問題への解答でした。ラブロックによれば、生態系としての地球、ガイア、生命あるものとしての、というのはそれが生命ある有機体であるかぎり、その温度や化学的相互関係は変化する条件のもとでもきわめて安定しています。このような地球物理学的見方からすれば、大きな生態系は地球という生態的有機体総体においては「器官」として現れます。したがってあらゆる個別の生態系の生物学的機能の弱体化は、同時に地球の生態的有機体総体に否定的影響を与えることになるのです。気候の不安定性は、したがって、この間に始まったグローバル生態系の一般的生態的調整能力の弱体化に原因を求めることができます。ラブロックは以前のＮＡＳＡ(13)の研究仲間とは対照的に、農村での生活や仕事を始めたのであって、それは、「ガイアとの生活をここで今こそ始めたい」と考えたからです。著書『ガイアの原理』［6］の後書で、ラブロックは現代農業の生態学的責任に明確に目を向けています。

「農民的景観はイギリスでは広範に消えてしまった。わずかに、この西部のカウンティ（郡）に残されているだけで、これもいずれ消えるだろう。というのも政府は農民にさらに多くの補助金を払って、景観の維持よりも破壊の方に報いている。生け垣の除去に対するわずかではあるが、補償金が過去数十年の間にほぼ20万kmもの生垣を崩す結果になった。……巨大で重量のある機械が毎年走行し、除草剤や殺虫剤が過度に散布されることで、ほんの少数の生き残った植物や昆虫も根絶やしにされた。伝統的な農民はもはや共存が不可能だ。……それはまさしくレイチェル・カーソンの『沈黙の春』(14)での暗い予言どおりである。もちろんその原因は、彼女が理解したような農薬による汚染だけではない。……鳥には営巣地が必要だ。それには生け垣ほど優れたものはないのであって、生け垣は以前には農地を区切り、素晴らしくまっすぐな小森であった。農民に対して政府は、生け垣が除去されるとそれなりの補助金を支給したのである。ついにはすべての自然生活もまたみごとに排除されたのであって、あたかもそれは土地が農薬で洗い流されたようなものであった。環境保護論者は目の前で進行しているそうした事態に着目して抗議しなければならなかったのであるが、都市問題で忙しかった彼らを都市から引っ張りだすのが遅すぎた。……いずれにしろ彼らは、景観の保護よりも、強力な電力供給会社に押さえられたお上と闘っていたのである。……土地の友として本領を発揮し、工業的農業経営に抗議し、掘削・切断機械の大群が土地を荒らしてしまうのに気づいたのは、環境保護論者のうちのほんのわずかにすぎなかった。環境保護論者の不注意には弁解の余地はない。」

弁解の余地はおそらくないでしょう。しかし説明だけはできるでしょう。広域にまたグローバルに環境に重大な影響のある工業的農業の地元での大プロジェクトを前にして、工業的農業がすべての工業国でほぼ全面的なものになっている場合には、工業的農業のローカルな結果は全体として大きなものになることが気づかれなかったのです。まさに「比較地域」としてそれまで農民的に経営された地域がなくなることは、まとまって維持されてきたビオトープが多くの人にはわからなくなるということにつながるのです。生態系保護運動は自動車交通や暖房技術の問題点、すなわちそれがひとつひとつは小さな原因であっても、それが大きくなればグローバルな影響を与えることを学んできました。工業的農業に関しては、それがすべての農地に広がるならば、地域に限定されたものであっても全大陸に損害を与えるものであることをしっかり学ばなければならないのです。

そこで緑の党にとっては、現代農業から生みだされた環境危機は、農村住民固有のエコロジー問題への疑問と同様に、小さな役割をはたすにすぎないということになります。現在の緑の党の視点は、もっぱら都市の今後にあります。しかし村々では、ほとんどすべての問題において、農村に対して都市を尺度にするならば、（まさにエコロジー的に考える人は！）、それなりの無理解にぶつかっているのです。

村々でしっかり環境問題を認識する人々が、緑の党にたいして根本的に拒否の態度をとるのはなぜでしょうか。それはおそらく第一に、伝統的な農村生活と相容れず、しばしば無意味な環境規定が一般的に「緑」と特徴づけられ、それらが緑の党の責任だと理解されているからではないでしょうか。

農村生活に根を張った人々は、たとえば利用されていない場所では、どこでもほんの数年で木が生えることを知っています。農村住民は自然の生態的遷移過程を承知しているのです。牧草の刈取りでは毎年1㎡当たりたくさんの若木も刈り取られます。そうした経験や知識が背景にあって、農村住民には、樹木の存在が植林に依存しているかのごとき印象による林地保護法は馬鹿げたものに見えるのです。加えて、自分が植えたか育てた樹木以外は、自由に処分できないと思っているのです。

生け垣や果樹散在草地を持っており、新植前に古い木を伐採して薪に利用する人は、時には木を持たず石炭、油やガスで暖房する人たちよりもぜいたくというものです。果樹の藪や生け垣の手入れをすること、すなわち農村景観一般の手入れをすることは、定期的に藪を刈りこむことにあるのです。幹や大きな枝を薪にし、小枝は野原で燃やすことは昔からあたりまえのことでした（農民の労働の多様性や一体性という意味で意味のあることです！）。屋外での剪定枝の焼却が禁止されているために、それを騒々しく悪臭の出る重油や電力を消費するチッパーに投げ込むことが皮肉にも「エコロジー的進歩」だとされ、「緑」と結びつけられるのです。

都市の小さな前庭が有意義で必要だとされ、それが全国の規範にまで持ち上げられて、農村生活を規制し、生態的に意味のある土地利用の伝統を抜き取ることになれば、農村住民を環境政策から離反させることになるのは当たり前です。粘土レンガ造りの農家住宅を人工発泡プレートや絶縁モルタルで覆ってしまうことさえそうではないのですが、「緑」だとされてしまいます。もちろん農村での環境保護のかなりはっきりした誤用のすべてを発明者（緑の党）に負わせることはできませんが。

3　われわれはどこから来たのか——今日の諸問題の歴史的・政治的要因

(1) 土地改革、集団化、そして農業の工業化——1945年から89年にいたる東ドイツ農業史

今日のザクセン州の農業・農村の諸問題の歴史的・政治的要因をみておきましょう。

1945年9月初め、それは秋耕の真最中でしたが、ソヴェト占領軍当局は、占領地域（1949年からはDDR）でKPD（ドイツ共産党）(15)と共同で計画した土地改革を開始しました。すべての「封建的・ユンカー的大土地所有およびその他の100haを超える大土地所有」ならびに「ナチ党の活動分子」、「戦争犯罪人と戦争責任者」の土地は完全かつ無償で没収されました。没収された農業者や大農場所有者は追放されました。

ザクセン州では1945年9月から10月末までに農地の3分の1が没収され、国家土地フォンドに引き渡されました。この土地フォンドのほぼ3分の1は国有（人民所有農場）とされ、他の3分の2は土地の乏しい農民と東部からの避難民に配分されました。彼らが受け取ったのはせいぜい5haであったので、経済的に生き残るのは困難でした。新たに創設された新農民(16)の住居の建築材を得るために、1万もの無傷の大農場施設が破壊されました。この農業労働者住宅は何の変哲もないもので、農民農場として機能する経営を築くには小さすぎました。SEDが集団化キャンペーンを開始する以前にすで

に、土地改革農地での新農民農場を建設する国家計画はとん挫し、かれらの生存基盤が掘り崩されていました。

そのうえ20haを超える農場がすべて「大農」と規定され、「大農」を敵視するムードが組織的につくりだされました。次いで彼らは供出義務に屈服させられます。1952年までに、20ha以上農場には畜産物の供出ノルマが300%近くにまで引き上げられます。同時に生産手段の配分においても不利なあつかいを受け、それは土地改革に際して没収された農業機械の利用についても同様でした。集団化が開始される前の3年間だけでも5000を超える大農が農場を放棄して、西ドイツに逃亡したとされています。

SED第2回党大会の呼びかけで、1952年にはDDRにおける最初の農業集団化キャンペーンが開始されます。まずは自由意志での農業生産協同組合（LPG）の結成でした。最初のLPGはそのほとんどが、継続して農業経営を自律的に行うには十分な土地も必要な専門知識も持たない土地改革受益者の緊急の共同化でした。その後の農民全体の集団化は、1953年6月17日の国民的蜂起(17)とその後の政治不安のために実施されず、ようやく1960年になって計画的な強制集団化が着手されることになります。

「農村の社会主義の春」というスローガンで、1960年初めから全国で警察力も動員しての強制集団化の圧力が強まり、「完全集団化」が終わった段階では、ほんの少数の零細農民以外には東ドイツの全農民はLPGに署名していました。約85万の自由農民が署名したのは、「自発的」に自らが所有する全経済資産の処分権を放棄し、農業労働者としてLPG議長の指示に従うということでした。集団化と関連した圧力やその後の農民にとっての見通しのなさが、西ドイツへの激しい亡命の波を高めることになりました。すなわち強制的集団化もまた、1961年8月のベルリンの壁(18)建設の決定的な要因でした。

しかしSEDの農業政策は集団化がそのゴールではなく、1971年には農業の工業化に向けての圧力が強まり、小規模LPGの大規模LPGへの統合、植物生産と畜産との分離が強行されます。全国で植物生産LPG(KAP)、養豚繁殖肥育一貫LPG(SZMK)、工業的肥育牛施設(IRIMA)ないし工業的酪農場(IMV)が設立されました。ほんの数年で、東ドイツの村々には大きなコンクリート製建物が建てられ、LPG農業労働者層のために、村の中心部に「社会主義的住宅ブロック」が置かれました。それは都市の新住宅地と変わりがなく、裏庭にウサギ小屋や野菜畑をつくる余地はありませんでした。

農民のいた農村景観はほぼ空っぽにされ、農業の急激な集中・工業化とともに生態的な危険性が高まりました。とくに「工業的」な農業生産と、LPG農場での組織的な無責任体制の助長——それは所有者意識を内部から弱めさせる結果になった——とがいっしょになって、信じられないほどに環境や健康を危険にさらすことになりました。禁止されていたにもかかわらず、水銀化合物で殺菌された種子用穀物が大量に豚や牛に与えられることなどが繰り返されることにつながりました。

生け垣や道路の撤去が土壌侵食をひどくし、大型の農業機械による土壌の圧縮が加速されました。耕作の集中と専門化、さらに巨大な圃場が、作付け順序を混乱させ、作物の健全さにマイナスに作用しました。大量の家畜飼育が大量の糞尿となり、十分な糞尿タンクが設置されていなかったために、年中、継続して農地に散布されました。作物の作期がきちんと守られなかったこともあって、土壌栄養分の大半が作物に吸収されず、地下水に浸透するか、表土を流れ河川や湖の富栄養化の原因になりました。1960年代の初めから80年代の初めまでに、飲料水の硝酸塩濃度は5倍にもなりました。多くのLPGの経営間組織として、1966年以降に「農業化学センター」（ACZ）が設立され、このセンターでは恐るべき状態での農薬貯蔵と出荷がなされました。農林地の大半（1984年に520万ha）で、農用飛行機による化学肥料と防虫剤・殺菌剤の散布が行われ、噴霧薬剤が数百メートルも飛散し、しょっちゅう放牧家畜や村の小さな子どもたちをひどく汚染したのです。1970年代には、つまりほんの10年で、東ドイツの野原からノウサギやヤマウズラが姿を消し、キノコ類も施肥過剰の草地では見られなくなりました。

1980年代における東西比較では以下のような状況でした。西ドイツの平均経営規模17・8haに対し、東ドイツでは4636ha。圃場の平均面積は東ドイツの60haに対し、西ドイツでは2ha。投下された化学肥料や農薬は、東ドイツの方が一貫して非効率でした。投入が多いのに、収量は低かったのです。メルバッハ［7］によれば、「東ドイツ農業は、比較可能な工業国とほぼ同様の環境への悪影響を生みだした。事実上の構造政策というべき、とくに耕種と畜産の分離、家畜保有の集中、大面積経営がひどい悪影響をもたらした。そうした特別の構造が、とくに窒素酸化物（NH_3）による生育障害、水や飼料、食料の高い硝酸塩濃度、農業景観からの自然のビオトープの消滅をもたらし、それが農業のエコシステムの生物学的調節能力を弱め、ますます土壌の劣化をひどくすることになった。」

こうして生まれた社会的なまた景観構造の単調化とともに、東ドイツの農村住民に深刻な精神的変化が現れました。「自由意思」で私的な農民であるという存在を放棄したとの署名を強制された大きな屈辱は、多くの当事者にとっては、ナチ支配、戦争、そして戦後直後よりもさらに破局的な経験でした。過去数十年のすべての政治的変革や破局は、農民経営の家族による相続を失わせたのであって、しかもこの喪失は自らの署名によって奪われたものでした。農民は打ちひしがれ、農村社会の大半は深いあきらめのなかにありました。犠牲者としての自覚だけではなく、自らの署名によって何らかの共犯者だとも感じていたのです。ついには、人々はこの屈辱感を追い出そうとしました。みんなよくわかっていたのですが、もう誰もそれを語ろうとはしませんでした。こうした集団的沈黙がいたるところで今日まで続いたのであって、当該農民の子どもたちさえ、集団化の際に自分の家族に何が起こったのかを正確には知らないのです。

予想されたよりもずっと速く農民の所有者意識は薄れて、「社会主義的農業の勤労者」という新たな労働者気質になりました。多くの人がまもなく、従属的な就業者という関係の気楽さを、個人的なまた事業者としての自由よりも、また自分の行動についての自己責任よりも評価するようになったのです。多くの人にとっては、それは夏に長期間、休暇旅行に出られることから、集団農場はひとつの自由の獲得を意味しました。他の場所での休養ができるほど、年ごとに不快になった日々の労働環境——自分も関与した——は、もはや問題ではありませんでした。こうして社会主義的農業に無理やり引きずり込まれた多くの人々にとって、大面積農場や大規模畜産農場の「成果」がついには、自分の生活の成果とみなされ、それと一体化されることになったのです。だからこそ、DDR農業政策の被害者の大多数は、社会主義的農業が批判され、そのまさに犠牲者であったとされても、今日まで、すぐにそうした事態を感情的に擁護する立場を守ったのでした。

(2) ザクセン州の環境保全農業（エコロジー農業）の起源

ザクセン州の農業者は、最初からバイオ農業のパイオニアに数えられます。B・von・ハイニッツは、1924年に、ブレスラウ近郊のコバービッツでのルドルフ・シュタイナー(19)の農業講座の参加者でした。そしてその後、彼はマイセン(20)近郊の自分の農場をバイオ・ダイナミック農法に転換しました。この農場は1945年に、土地改革で没収され、その所有者は追放されました。東西ドイツ統一後にB・von・ハイニッツの息子であったK・von・ハイニッツが農場の返還を求めたがむだでした。しかし、彼はここで1920年代に始められたバイオ・ダイナミック農法の伝統を継承したいと考え、隣村のマーリッチュでひとつの農場を購入しました。彼が返還を希望した土地のひとつといっしょに、この農場を3人の若い農業家族にバイオ・ダイナミック農法での経営を任せたのです――それ以来、この農場はザクセン州におけるエコ経営のもっとも成功したものになっています。

バイオ農業に関心をもった農業者は、ようやく1980年代の初めになって、ヴィッテンベルク[21]の教会研究施設で定期的に東ドイツ全国レベルの「農業者グループ」に結集するようになりました。ゲルト・プファイファー博士が研究施設でのグループの指導者をやめ、1988年になって農業者グループは新たな施設であるドレスデン教会管区のエコ農業作業グループになりました。そこでは作業グループは、「ゲーア Gäa」（ゲーアはギリシャ神話で大地の女神）と自称し、東ドイツバイオ農業連盟「ゲーア」の芽生えとなりました。その参加者の多くは、すでに東西ドイツ統一前に、3つの個別バイオ経営で実践的経験を積んでいました。それは、バート・ザーロウ[22]のバイオ・ダイナミック農法のマリエンへーエ農場（外国人所有であったので、土地改革も集団化も切り抜けた）、またイエナ・ローベーダ[23]のボーック園芸農園、ドレスデン・ナウスリッツのルーデヴィック園芸農園もバイオ・ダイナミック農法でした。ザクセン州で新たに設立されたバイオ農場であるライプチッヒ近郊バールスドルフのリンケ農場やマイセン近郊のタウベンハイム教区所有地、そしてライプチッヒの第1号バイオ店やドレスデンのバイオ農産物消費者連盟（die Verbrauchergemeinschaft）などは、すでに1980年代にヴィッテンベルクの農業者グループに属していましたが、ファイト・ルーデヴィックの園芸農園での実践教育を受けていた人々に直接につながるのです。

（3）1990年以降の東部ドイツとザクセン州の農業構造の変化

すでに1989年秋の東西ドイツの再統一を求めるライプチヒのデモにも、LPG体制廃止を求めるプラカードがありました。たとえば、「統一ドイツ――それは自由な土地での自由な農民を！」。数十年にわたって作男（Knecht）(24)のように働かざるをえなかった多くの農民は、ようやくもう一度自分の土地を思い通りに経営する自由農民になりたいと考えたのです。新たな農民解放がやってくるとみられたのです。しかしそこには別の問題がありました。すなわちDDRには自立した農業者としての存在の見通しはもはやなかったのです。農家子弟のほとんどは農外の仕事についていました。1989年の東西ドイツ統一の大転換の後には、東ドイツにはLPG役職員以外に、農業経営を自らやれるような若い人間はほんの少数しかいませんでした。つまり、DDRが終わった時には、親子2世代の農民家族はすでに事実上存在しなかったのです。

ザクセン州のエリアには、1990年に87の人民所有農場、536の畜産専門LPG、202の耕種専門LPG、82の園芸専門生産協同組合（GPG）が存在しました。

ドイツ再統一後において、土地改革の1945年に没収された農場の返還は認められませんでした。

他方で、1952年以降に集団化された農民の土地所有権は認められ、1990年にその所有権をLPGから取り戻すことができるとされました。しかしそれは多くの場合、簡単ではありませんでした。LPG農場では所有権の境界がまったく考慮されずに道路や数多くの経営建物や住宅が建設されていたからです。

さらにドイツ再統一前に、DDR人民議会が1990年6月に制定した農業適応法（das Landwirtschaftsanpassungsgesetz, LwAnpG）は、LPG農場をドイツ連邦法にもとづく法人に転換することができるとしました。同時に、離脱し自立営農を望む組合員は、土地と農場をLPGないしLPG後継企業から取り戻すことができることになりました。また、離脱する組合員には、強制的にLPGに取り込まれた資産やLPG所有資本の持ち分についての補償金が支払われるものとされました。しかしそれは時価による支払いではなく、持ち込まれた資産の簿価によるものとされました（しかも、30年間の減価償却分を差し引いて）。こうしたやり方で、離脱の意志のあったLPG組合員は、LPGを存続しようとする者に対して、初めから不利な立場に置かれたのです。

LPG農場を存続・転換させた人々は、その大半がLPG理事長や少数の幹部職員でした。こうして1990年以降の東ドイツの村落での、LPG後継者と再編成ないし新体制を求める人々との間の財産分配をめぐる闘争は、またSED国家から利益を引きだした人々と被害を蒙った人々との闘争でした。再編成をめざす（その可能性はあった）人々にとってさらに不利になったのは、1994年の州物権整理法（das Sachenrechtsbereinigungsgesetz, SachenRBerG）でした。この法律で、ＤＤＲ時代に法的根拠なしに他人の土地に建てられた建物を土地所有者から―補償金を払えば―地上権を得たり、売買契約を行うことができることになりました。土地所有者がその土地を自分で利用したい場合には、自分の意志に反して自分の土地に建てられた建物を（多くは高すぎる価格で）買い取ることを承諾させられたのです。こうしたことのすべてがＤＤＲ時代のＳＥＤ農業政策で優遇された者に、以前のＬＰＧが、その専務や理事などによって事業を継続するチャンスを与えられることになったのです。

ＬＰＧから離脱しようとする組合員を組織的に冷遇し、かつ東ドイツには新たな農民世代が事実上存在しなかった結果、１９９０年から92年の間に、個別農業経営を再組織できた農業者は少数にとどまりました。新たな農場創設者の数も限られていました。こうして東ドイツの農用地の3分の2は、ＬＰＧ後継企業の手に残されたのです。農場創設者はしかし当初は土地所有者ではなく、ほとんどが借地人でした。地主はほとんどがかつてのＬＰＧ組合員であり、自分の農場に付属する土地（ザクセン州ではほとんどが20ないし30 ha）をもつ農民家族であり、高齢化のために自分では管理できなくなった人たちでした。地域に農場を再建する人がいなかった場合には、ほどんどの旧農民は、ＬＰＧ後継企業と長期借地契約（12年、後には18年）を結ばされました。彼らの多くはひどくあっさりと、「署名しないというなら、自分で犂起こさなければならなくなるぞ……」と脅されたのです。

決定的であったのは、１９９２年にＥＵの農業補助金制度が、農産物価格支持から直接支払いに切り換えられ、さらに２００３年には、収量ないし生産量に応じた支払いから面積に応じた支払いに切り替えられたことです。かくして東ドイツの１０００～３０００haの大経営は、西ドイツの25～30ha経営に対する勝利者になったのです。労働ではなく、土地面積が富をもたらすことになりました。こうして今ではヘクタール当たりの年間地代は３００～５００ユーロになっており、その後はすべての農場はすべての借地契約を（長期契約の期限前にさらに長期の契約を結ぶ）、その土地を実際に使っているかどうかに関係なく結んでいます。事実上、土地取引も停止されています。

こうした状態が今日まで続いています！　この間に全ドイツの農業大学や専門学校の卒業生は増えており、東部ドイツでは農民的エコ経営を始めたいという者も増えています。買収するための適当な中規模農民農場もザクセン州にはたくさんあります。しかし、そうした土地の大半が長期に賃貸されている場合には、若い農民は就農は困難です。うまく経営されているエコ農民、たとえばクンナースドルフのベルンハルト・シュタイネルト、バールスドルフのラインハルト・ゾンマー、タウベンハイムのインゲボルクとミヒャエル・シュヴァルツヴェルダーなどは、ザクセン州で１９９２年以前に土地を手に入れたからこそ、農場を創設できたのです。その後にやって来た者には、そうした好条件はありませんでした。今日では事情はもっと望みがありません。というのも、ＬＰＧ後継企業は借地契約で先買い権も確保しているからです。こうして農民が主体の農場による農民的土地利用の再生はまだ遮断されたままです。

4　われわれはどこに向かいたいのか（向かうべきか）
――将来性のある農業の目標と優先すべきこと

（1）村落は村落に留まるべきだ――農業問題を農村発展に結びつける

現実の農業政策からすると、われわれは長期的な目標を立てる必要があります。そしてこの目標は、当面の利害関係者の圧力をはねのけて、人間社会の転換、すなわち有限の世界の生命に不可欠な自然の関連に一体化することに、どれだけ早く寄与できるかという問題です。まったく明らかなのは、グローバルなエコロジー的要求にもとづく農業政策は、ザクセン州のような一つの州での孤立的実施や、転換ではないということです。

ベルリンの「人口と開発研究所」の注目すべき研究『村落の将来』［8］が、東ドイツにおける農村人口の平均以上の減少をとりあげています。しかしそこでは、その要因である農業経済については立ち入っていません。しかし、村落の「人口の衰微」のもっとも重要な原因をあいまいにすることは、将来計画における農業問題をもあいまいにすることです。

ベルリン研究所の村落研究の序文では、情勢が以下のように要約されています。

「すべての国は人口の停滞ないし減少さえ経験している――ポルトガルから中欧、東欧も、日本までも――、さらに農村地域でも同様の減少を。世界のどこでも日常に起こるであろうことを、ドイツの多くの村落が先取りしている。それは（人口の）ポスト成長社会(25)の実験場になるだろう。そこには大きなチャンスがある――もちろん農村にも。……農村地域は、その運命に身をゆだね、いつかは過疎化するか、それとも革新的理念をもって人口転換のパイオニアになるかの選択を迫られている。将来の解決の道、すなわち金がかからず、効率的で資源を大切にあつかう、したがってすべての土地を利用する道を見出すことは可能だし、見つけ出さなければならない。それはその地区に適した設備費が安い非集中的な排水システム、新しい生活様式を学べる小規模な学校、住民に効率のよい移動式と中央公衆衛生業務の適切な組み合わせ、文化的な生活を支える施設、しかしさらに基本的に農村にある資源による再生可能エネルギーの供給などである。というのも、そこは必要な土地も、太陽も、風も、州内全体に供給するのに必要なだけのバイオマスも獲得できる。換言すれば、農村は、それが必要な社会における効率性と持続性というモデルを試し、できるだけ完全にするような、経済成長がわずかである世界におけるひとつの社会実験室になりうるのである。衰退ではなく進歩が農村の将来ビジョンになるだろう。」

ここに示された将来ビジョンは、農村地域にとって指針となり、無条件に取り上げられるべきものです。もちろん、そこに用意された提案は、農業の集中化と工業化の傾向を抑えないかぎり、芽吹いたばかりで押さえ込まれるでしょう。とりわけ東部ドイツでは工業化された農業経済があらゆる分野を占領しています。「効率的かつ持続性が認められ、できるだけ完全であるようなモデル」という「社会実験室」が必要です。村落の革新は農業の革新なしにはありえません。そして農業の実際的な将来性のある革新は、農村住民にその広範な基礎があるはずであって、農民が主体となる構造の再生とあいまってのものでしょう。また地域の持続的なエネルギー供給も、それが地域の持続的な食料供給と結びついていない限り、価値は小さいものです。

（2）農民は農民のままであるべきだ――農民が主体の農業とエコロジーの模範

有機農業をめざす農民は、初めから内的矛盾を抱えています――それは進歩的なのか保守的なのか？有機農業を確信的に支持している人は、今すぐ利益を得ることにはわずらわされず、同時代の人々に健康で、将来性があり、他の地域に害を与えないやさしい農業をめざしています。つまり彼らは自分が農業の先駆者にふさわしくなければならないことを自覚しています。他方で、そこでは技術上の近代化はなされているにしても、有機農法の中身はかなり古いものです――農薬を使わず、集中化も専門化も、また大型機械も使わない自然的な経営方式。そしてこの「古い」エコロジカルな経営方式は巨大な経験上の財産を維持しており、新しいエコロジー農業の構想もそれを放棄できません。つまり先見の明と過去を振り返ることとは矛盾しないのです！

しかもグローバルな化学化と工業化という傾向をまちがった道だと判断することで、農業を前に向けて発展させることができます。したがって以下のことはまったく筋道が通っているのです。すなわち、袋小路から脱出するために、一度、数歩後戻りして、確かな伝統という確実な土台のうえに新しいやり方を進めるということです。有機農業を「後ろ向き」とか「博物館農業」の農民による農業だと誹謗する人は、確実なものをしっかりした土台のうえに構築することはできません。農業ではっきりしているのは、あらゆる農民的価値や耕作技術を否定してしまうと、将来の有望な出口はないということです。数百年来の古い農民的伝統路線を意識的に取り込むことは決して後ろ向きではありません。将来を考える者は、なにもすべて新しいことを発見しなければならないというわけではないのです！　何か新しいことを始める前に、そうした問題がすでにきっとあったのではないか、まだ存在しているのは何か、を正しく見きわめることが有益なのです。

農民の伝統的な価値体系は深く自然と結びついています。農民は、工業労働者、公務員、経営マネジャーなどよりはずっと自然空間に包まれており、それを変えることはできないし、変えたいとも思っていません。土地や天候、そして家族の相続財産に依存しており、それは運命として、または幸運として意識されるか、与えられたものとして受け入れられています。より良い土地でまたはより良い環境のもとで新規に始めることは、これまでいつも、世代を超えて継承してきた経営をさらに継続するよりも、費用がかさみ、危険なことでした。

伝統的な路線や自然との関係性と結びつくことは、農民にとっては自明のことです。これを「保守的」とか「時代遅れ」と片づけることは可能だし、他方ではこれを特別のチャンスだとすることも可能なのです。すなわち、伝統的な農民の価値体系は、まさに文明社会の確実な生活・労働モデルたりうるものです。それは限界や順序のある個々人の自由が、有限な世界の自然との関係に有機的に結びついているからです。成長の限界という認識を真剣に受け止め、同時に個々人の自由という基本的価値を固く保持しようとするならば、現代の、また将来を方向づける世界観は、以下のような問題を避けて通るわけにはいかないでしょう。

・個人の自由を人類の生き残りと矛盾しない社会に組み入れること、そして
・人類が人間にふさわしい生き残りを可能にし、そこでは個人が自由に関与できるような関係についての合意を得ることができ、そしてその意志があること。

伝統的な農民の考え方はしたがって評価されてしかるべきです。それに新しさはないといって忘れ去られてはなりません。もちろん今日の状態が抱えるジレンマを無視するわけにはいきません。すなわち、農業者が将来性のある農業経営を企業経営の尺度で行おうとすれば、現在の農業経営システムのもとでは、ますます「競争できる」状態ではなくなるでしょう。とりわけ、長期的にエコロジカルかつ社会的に認められる経営形態を受け入れない農業者は、今日の事情のもとではきわめて明白に経済的破局を迎えるでしょう。ラジカルな農業転換をという要求に応えるには、今のままの農業者ではいけません。永続的で健全な農業経営を求める運動に参加できる農業者に、魅力的な発展や変換が可能で確実な枠組みがたいへん重要です。それは今日のシステムまではいけません。

新たな農業経営システムのめざすものはどのようなものでなければならないか？　エコロジカルな農業政策はどのように方向づけられるべきか？　エコロジー運動の本源的な目標は、人間の生活基盤を危うくしたり破壊したりするものすべてを克服することにあります。

(3) エコロジー農業への転換の曲がり角

3・1　外部コストを最小限にする——原因者に事後負担を負わせる

ますます少ない労働力で、ますます安価な食料を生産し、しかしそこでは景観を破壊し、土地を疲弊させ、地下水を汚染し、種を絶滅させ、そのうえ消費者を危険にさらすような農業は永続的なものではありません。食料を得るための土地利用は、あらゆる人間社会の、狩猟・採集文化以来の本源的な経済です。農業はしたがってあらゆる他の経済部門以上に永続性をもっていなければならず、自らが外部に対する事後負担(26)の原因になるようなことであってはならないのです。

現在ではほとんどの事後負担の原因になっているのは、「慣行」農業におけるまさに軽率な農薬の散布であり、高度に専門化し集中した食料経済システムにおける生産者、加工業者、消費者間の輸送経費が大きいことです。

外部費用をその原因者に負わせるためには、以下のことが求められます。

・合成肥料・農薬に十分に高い税を負わせ、広域配水と浄水化、場合によっては公衆衛生システムが負う残留・追加物質が原因の超過経費をまかなうことができるようにする。
・輸送用燃料にさらに課税し、食料供給においてもローカルな加工や販売による非集中化を推進する。

農業の外部費用に加えて、ばく大な農業補助金も納税者が負担しなければなりません。そうした補助金は、社会の上述の負担を減らすことに寄与しないし、さらに、農業がその本源的な生産を、その他の経済の土台と尺度でもありうる自立経済部門であったり、農産物の適正価格を実現したりすることにも寄与しません。

3・2　耕地の農薬――すべての農地でエコロジー農業経営を

「慣行」農業は悪循環にとらわれてきました。収量を最大限にするために、とくに窒素を最大限に投下してきたのです。穀作における一面的な過剰施肥は、病害をひどくしました。そこで何度も殺菌・殺虫剤を散布して症状を抑えようとし、植物を弱らせることになりました。過剰施肥は穀物の茎を不安定にし、穂がでると倒伏します。そうすると予防的に植物ホルモンが吹きつけられ、短稈化《たんかんか》(27)されました。さらに――大型機械による土壌の圧縮の結果――、熟期のばらつきがひどくなり、収穫直前に汎用除草剤を全面散布することになりました。

最新の高収量品種は収穫量を決める要素を育種的に膨らましており、その品種の他の要素の多くを弱体化させています。というのも育種ではすべての特徴を同等には改善できず、その時々の重点に焦点を絞らざるをえないからです。今日利用されている育種による一面化された品種は、農薬を大量に必要とします。まったくよく似ているのは、工業的農業の家畜飼育であって、極端な成長率だけが改良品種で重要であり、永続的な抗生物質の投与がなければすぐに死んでしまうように、実際には退化されています。こうしたことからは農業者も消費者も利益を得ることはできず、利益を得るのは化学産業だけなのです。したがって、いくつかの農薬独占企業が、あえてそうした必然的に農薬を必要とする品種を流通させるために、種子事業を取り込んでいるのは驚くべきことではありません。

60年代、70年代以来、ますます多くの農業者がこうした傾向に抵抗し、エコロジー農業に乗り換えています。80年代半ばから後半に、同様の認識が消費者にも広まりました。多くの人が、「バイオ」は味も良いと気がつくようになって、需要が大きく上昇し、多くのエコロジー経営が生まれることになりました。当初は小さなセクターであったエコロジー農業が、近年の20年間に予想以上成功を遂げているのは、当初たいへん少数であった西ドイツのバイオ農民のがんばりによっています。そこでは生産とともに加工・販売セクターが継続的に成長しており、バイオ農産物とともに高品質のバイオ加工品についての急激な需要の伸びに対応しています。

今日では、しかしながら、エコ・ブームの2つの問題が大きくなっています。それはとくに東部ドイツではっきりしてきているのですが、(a)加工部門が未発展であることと、(b)エコロジー農法の「慣行農法」化の動きです。

東部ドイツではバイオ加工が取り残されています。それがとくにはっきりしているのは、ベルリンの多くの新設スーパーマーケットでの巨大な需要に、周辺地域が応えられないということです。東部ドイツの諸州では、なるほど多くのバイオ穀物や牛乳および食肉が生産されています。しかし、ベルリンの消費者向けのバイオ・ミュースリ（牛乳に燕麦のフレークと干しぶどう・挽いたアーモンドなどを混ぜた朝食用の食べ物）、バイオ・ヨーグルトやバイオ・ソーセージは、大半が西部ドイツからの輸送に頼っています。ザクセン州のエコロジー経営のうち12・2％しか、自分の加工場をもっていません。

しかしもっと問題であると思われるのは、「バイオ」認証がその価値をしだいに下げていることです。ドレスデンのクロイツ教会前のカフェ「ａｈａ」は、１９８８・89年の教会の教派を超える集会が生み出したものであり、ドレスデンの二つのバイオ認証つきレストランの一つでした。しかし、２０１２年の初めから、この店のメニューには、「認証バイオ」ではないと表示されています。バイオの先駆者は、バイオに認証を求めてはいなかったのです。カフェの経営者であるC・グライフェンハーンが語ったのは以下のことでした。「現在、バイオ認証を保持しているものは、15年前にはまったくバイオ生産ではなかったものですよ。……認証つきであっても、チリからドイツへの長距離をまったく非エコロジカルに運ばれてくるリンゴよりも、認証はされていなくても地元の果樹散在草地のリンゴの方が私たちにはいいのよ。」

まさに果樹園芸においては、地元産であるかどうかに加えて、「慣行農法」の果樹栽培と区別がむずかしい栽培方法が問題です。認可された農薬に転換しても、工業的栽培・貯蔵方法がそのままならば、それは許容しがたいものです。影響は消費者の「環境教育」にも表れています。季節を問わずまったく傷がなく同じ大きさの「バイオリンゴ」を買えるので、しまいには傷と腐りの区別もつかなくなり、農家の果樹散在草地の不揃いのリンゴは価値が低いものと思われ、買われなくなるのです。

M・ヴィンマー[9]が書いているのは以下のとおりです。「バイオ農産物市場がプロ化し拡大していることは、以下のような否定的な、少なくとも憂慮すべき副次的現象をともなっている。市場は生産者が不明になり、海外商品の一部も優位な位置に立つ市場の参加者になることで、価格の引下げ、ごまかしの危険、ないしは市場仲間間の慣行的なやり方が増える危険性が高まる。本来、エコ農業は主にパイオニアによって始められ、以前は笑いものであったが、今日ではそのねばり強い確信が真正で信頼するに足るものだというイメージに活路を見出しているのではないことに注意を払うべきである。エコロジー的な農業が、自らの成功の犠牲になりうるという危険をはらんでいるかぎり、時機を失せず、方向を修正し、その社会的な内容におけるそのイメージとその社会的正当性を、明日にも明確にするように助言されてしかるべきだ。その際に、エコロジー農業の当初の目標、根源と価値に立ち戻り、それを今日の時代に移すことがあっても、それは損にはならないであろう。」

エコロジー農業のコンセプトの核心は、広くまとまった物質循環と多様な仕事の領域の相互の安定性が可能にする「農場有機体」ないし、「農業の個性」という理念です。土壌の調整された、ないしは積極的な腐植バランスが有機肥料の自給によって確保されるべきです。農場の家畜保有はそれはそれで、それなりの草地の割合（緑飼、放牧地、ワラの供与）と、十分な穀物の割合（パン用穀物とともに濃厚飼料と家畜の敷きワラ用の麦ワラ）を必要とします。多様な輪作、野菜・果樹作や園芸の取り込みもまた市場への供給を高め、同時に農場で働く人間の自給率も確保できることになります。

エコロジー農業のパイオニアたちがまず考えたのは、個別経営の利益ではなく、農場と社会の一体化、すなわち外部費用の緩和ないし低減にありました。農場をできる限り多角化し、均衡のとれたものにすることで、経営的にだけでなく、エコロジカルで社会的にも美的にもいいものにしようとしたのです。バイオ農場の特徴は多様な農家の諸側面がしっかり結びあっていることでした。堆肥づくりや有機肥料をともなった大家畜の飼育、高木果樹の植栽をともなった草地経営、さらに養蜂をともなった果樹作など。関連し合った経営部門のそうした有機的な共演が、必然的に高度の生態系の多様性をもった多面的な農耕景観をつくりだします。そしてできるかぎり高度なレベルの直売もまた、バイオ農業の本来の目標を期待する消費者との直接的な連携につながるのです。

「工業的農業バイオに抗する」が、『農民の声』(28)の2012年4月の論文の表題でした。例として、採卵鶏養鶏がますます「工業化されたバイオ農業」として問題にされています。「工業的農業事業者がバイオセクターに参入しようとしている。……バイオ・コンツェルンの畜舎が『普通の』農業工場よりも比較的良いと指摘されてもそれは十分ではない。消費者がとくに期待しているのは、バイオセクターの飼料はその大半が家畜飼育経営の循環経済の枠内で実際に生産されるべきだということだ。……農家か農業工場か？　この問題が慣行農業で、そしてますますバイオセクターで議論の対象になっている。一貫して農民が主体のバイオ諸連盟にとっては、自らをはっきりさせるチャンスである。」

そして、バイオ農業諸連盟の基準がEUの有機農業基準よりも厳密であるだけで、いずれのバイオ連盟でも「徹底して農民が主体」であることについてはどうでもよくなっています。唯一、「デメーター連盟」(29)だけが、「エコロジー的な循環経済として機能している農場というアイデンティティ」モデルを重要な試金石にしています。

したがって、今まず何よりも重要であるのは、エコロジー農業の再エコロジー化です。とりわけ無畜ないし飼育頭数の少ない経営は土壌の疲弊につながります。緑肥やマメ科作物の栽培でなるほど腐植の維持と適正な窒素バランスは可能でしょうが、リン酸、カリやその他の栄養分の適切な補充はできません。エコロジカルな循環経済の当初のモデルとは対照的に、今日、エコロジー経営の大部分は窒素循環が経営内でなされていません。こうした傾向は逆転させるべきです。

別の側面でも問題があります、それは食料生産の「エコロジー的」か「慣行的」かに、長期的な意味があるのかということです。これまでのところはエコロジー農民の多くにとって喜ばしかったのは、大半の農業者は手に入れられない（比較的）高い農産物価格を得ていたことです。「バイオ」をニッチ市場から引き出そうという要請は、バイオ領域内ではほとんど聞かれません。人間社会の長期の環境に適合した食料生産からすれば、それはすべての土地でおこなわれるべきものです。慣行農業のエコロジー化が必要なのです。「エコロジー的農業」と「慣行農業」とを黒白で分けることでは、多くの場所で、すべての農業を一歩一歩エコロジー化していく可能性をおろそかにすることになるでしょう。多くの経営にとって「エコロジー経営」になるには敷居が高すぎるとみられ、農薬散布量を最小限にしようという行為を採用するのを抑えてしまうことになります。何らかの支援が必要なのです。

逆にバイオ領域は、例外的に認められる農薬が増えるなどの基準の緩和を前にして、問題にすべきは完全無農薬という商標にいかに誠実に責任をもつかです。特定の土地では除草剤を使わなければ、きっとたいへん大きな手労働がないと処理できないでしょう。また、有機肥料栽培では、どこでも害虫の襲撃がたいへんで、殺虫剤なしには収穫皆無ということになります。州内すべての土壌、地下水、生産物に、明確に農薬を減らそうとするならば、現在では、農薬散布の全面停止ではなく、農薬メーカーが指示するような、作物の生育期間すべてに、また栽培面積の１００％での型にはまった合成植物栄養の給与や農薬散布は終わらせることです！　まず農薬や肥料添加物の価格を十分に引き上げることで、丸ごと化学農業という経営方式に収益性を失わせ、緊急時には高価な農薬を単独に散布することで、農業は正常な状態に回復するでしょう。

耕種と畜産を一目で見渡せる規模で結合させ、経営内で有機肥料を自給する経営形態は、経営の収益性を確保する基礎になります。輪作でマメ科作物の割合を高めることで、自然の窒素を土壌に提供し、同時に家畜にも蛋白質を与えることができます。そうすることで、農薬が高価であっても、たくましい作物や家畜を育てることが有利になるでしょう。とくに乳量の大きい乳牛は、しかしそれには2倍もの濃厚飼料が必要ですが、それほど能率的でない乳牛に比べて、半分の年月しか生きません。急速に成長する肉豚もそれにはたいへん多くの高エネルギー飼料が必要で、成長ホルモンや抗生物質が投与されるのですが、その肉質は良くなく、水っぽいのです。同様に高収量が大量の施肥と、殺虫剤や除草剤の散布に依存する作物品種も同様です。収量は低いが強健な品種は、農薬なしでやれるので、経営的にはかなり良いのであって、環境にも適合的です。

そしてもし手に入れるべき農薬価格が相当に高く、平均的農業経営の農薬散布量が今日の平均的バイオ経営ほどに少ない（またはより少ない）ならば、何も取り立ててバイオ経営だということではなくなります。エコロジー的に持続的な農業全体は、農薬が十分に高価なために農薬散布量が制限されるならば、今日の通常の、お役所的で極端に費用のかかる、それだけに非効率的な管理方法は無用というものでしょう。

しかし、もちろん農業環境のエコロジー化は必要です。外国産の化学肥料の輸入をやめることで、外的な資材による土壌の変質は緩和されるでしょう。しかし農地がしだいに消耗します。取り出された窒素は土壌に別の方法で還元されなければなりません。もっとも自然的なやり方で、つまりコンポスト化されたバイオ廃棄物や（大半が都市の）消費者の屎尿汚泥が農地に還元されてしかるべきです。しかし、今日では家庭からの廃棄物や下水には多くの有毒な物質が含まれているので、長期的には見逃せない土壌汚染につながります。すなわち、地域住民全体の日常生活がラジカルに無毒化されれば、彼らはエコロジカルな食料生産が行われるかぎり、閉鎖的な物質循環に参加できることになります。それにはもちろん、抜本的に農業政策を改革しなければなりません。

3・3　安定的かつ危機に強い単位——小規模経営にこそ将来性がある

経営規模の問題は、初めから「イデオロギー的」だとして回避されることが少なくありません。そうなるのはたいてい大経営が優勢であることが、批判に対する免疫性を与えることによっています。ここで私が小経営の優位性を強調したからといって、それは原理的に規模の異なった経営が混在する農業構造に反対するわけではありません。しかし東ドイツで農地の3分の2がきわめて大きな経営によって耕作されており、他方でたいへん小さな経営が利用しているのはわずか2％であるという現実のもとで、小経営の新設や安定化について何かを行う動機があってもいいでしょう。

まずは規模の異なった経営のエコロジー的な面での可能性です。問題は小経営が大経営よりも原理的にエコロジー的であるかどうかではありません。むしろ重要であるのは、規模のより小さな経営が構造的により大きな可能性、すなわちエコロジー的循環経済（残念ながら無視されてきました）として機能するモデルという可能性を持っているかどうかです。一般に今日主張されているのは、その経営がエコロジー農業にとって良いか悪いかという問題では、経営規模は意味をなさないということです。上述のように、再度、エコ農業のパイオニアたちの古い基準を受け継ぐべきであって、それはエコロジー農法が農業全体のめざすべきエコロジー化のモーターになり、ブレーキにはならない場合です。

農薬を否定するだけのエコロジー理念が広がるなかで、エコロジー的な循環経済として経営される複合的農家のモデルが軽視されるようになっています。今日、エコロジー経営とされている多くの経営が、高度に専門化しその多くが無畜です。この傾向は東ドイツではとくに顕著です。２０１０年のザクセン州農業報告では、ザクセン州の３５９エコロジー経営のうちわずか74経営（20・6％）が、ＥＵの経営形態でいう「複合」（耕種・飼料作と養畜のコンビネーション）です。そうすると実際のところ、ザクセン州の今日のエコロジー経営の多くは、耕種・飼料作と養畜との均衡がとれていないのです。特徴的なのは、東ドイツ全体のエコロジー経営にもそれが当てはまることです。ザクセン州ではエコロジー経営の平均規模は87・00haであって、西ドイツの全農業経営（35・４ha）の２・５倍であり、全ドイツの平均規模（48・５ha）――その90％以上が今でも「慣行」農業――のほぼ2倍です。

土壌肥沃度の持続的維持、生産物の高品質、エコロジー的で社会と結びついた経営方式などの目標が、エコロジー循環経済の原理にもとづいて達成されることを考えれば、それは大き過ぎず、経営者が一日で農場の状態をつかめる均衡の取れた農場でこそ実現可能です。そうすると、エコロジー農業においては経営規模や経営形態をたいしたことではないとしてはなりません。

F・zu・レーベンシュタイン〔10〕によれば、土地利用形態に求められるのは、自然の規則的なメカニズムと存在する自然資源を巧みに利用し、労働効率を安定させつつ、最大限の収量をあげることです。彼によれば、途上国でとくに重要なのは「女性も男性も、小さなそして零細な土地で、自給をめざすことである。そして年間を通してうまく自給することに加えて、市場に供給することになるべき」であって、そうした経営形態を「有機的集約化」としています。レーベンシュタインがさしあたり途上国の有機的集約化について示したのとほとんど同様に、ヴォルプスヴェーデ(30)の造園家M・K・シュヴァルツがすでに、ドイツの事情を踏まえて、1933年に「集約的開拓」、1946年に「園芸農家」と名づけています。シュヴァルツは園芸農家を「野菜作と果樹作を行い、大家畜・小家畜を飼育し、そこで従事する者の食料をすべて自給するとともに、持続的に市場にも供給できる小経営」としています。この園芸農家コンセプトの基本理念は、園芸と小農民農場の2～5haの土地でのコンビネーションです。小農民経営との違いは、園芸部門（集約的な野菜、果実、薬味用植物）が農場の経営収益と住民の自給率を確実に高めているところにあります。従来の園芸農家との対比では、農業部門がエコロジカルな循環経済という意味で、均衡のとれた「農場有機体」になっています。その際に、乳牛の糞尿のコンポスト化を土台にして有機肥料の自給がめざされています。1ないし2頭の乳牛に必要な草地が農用地のなかで確保され、十分な穀物割合（敷きワラ用の自給ワラのためにも）が輪作の中での前提になっています。小農家の経営的かつ有機的な最適化という視点からすると、この園芸農場コンセプトが示す方向性は重要です。パーマカルチャー(31)も、その名称はともかく、重要な取組みでしょう。

このような背景からすると、農業用の馬の利用技術を改善する試みも無視すべきではないでしょう。その役割は、博物館よりも将来の作業場にずっと向いています。H・プリーベ［前出2］が農業におけるモータリゼーションのエコロジーとの関係について指摘したところでは、「第2次世界大戦まで伝統的農業が使用した全動力のほぼ80％は、人間と家畜の労働によるものであったが、1975年にはそれは4～5％に低下している。……現代農業はもはや圧倒的に太陽エネルギーの利用にもとづく原始生産や一次的生産ではない。それは今日では、食料にもたらしたものよりも多くのエネルギーを消費している。伝統的な農民は、その食料に5倍も10倍ものエネルギーを手に入れたのに、――中国の農民は水田でさらに多くを――現代農業では食料1カロリーに10カロリーやそれ以上が投入されている。こうした事実は第三世界の農業の発展にもあてはまる。」要するに、今では「ポスト化石燃料の時代の地域開発」という問題から逃れられないのです。

原油需要がその採掘量を上回れば（「ピークオイル」）(32)、原油価格は急騰するでしょう。交通政策では電化とならんで、自転車の動員も推奨されています。農業分野では農地の耕耘の電化がオルタナティブとして開始されたばかりです。ナタネ油が現存の内燃機関の農耕技術を支える再生可能エネルギーの基礎になりうるでしょうか。経営面積の約10％でナタネが栽培されるとしましょう。農業経営が植物油脂とバイオディーゼルで燃料油の自給を確保するためです。しかし、ナタネ栽培には基本的な環境問題があり、輪作ではナタネの作付け割合を引き下げるべきだとすると、ナタネ油と内燃機関に支えられた農業技術は唯一の将来性のある手段ではありません。むしろ動物の筋力活用に立ち戻ること――実際の事例が示しているように――が、まったく現実的なオプションです。そしてこれもまた小規模経営でこそ有効です。

確かに以下のとおりでしょう。「慣行農法」の農民経営（鉱物肥料や化学的植物保護材を利用）はなるほど非エコロジー的ですが、それは短期間にエコロジー循環経済に転換する構造的な前提条件をもっています。それに対して工業的農業の大経営も農薬の散布をやめ、エコロジー経営として機能することは可能ですが、継続的に機能できるエコロジー循環経済に転換するうえでの構造的な前提条件はもっていません。工業的農業の大経営が実際には支配的であるなかで、持続的なエコロジー農業が長期的な目標であることからすると、重点を「エコロジー的であるという」基準よりも「農民らしい」という基準に置くことの方に意味があります。もちろん、「農民が主体」という特徴にはわかりやすい定義が必要でしょう！　私は、「農民が主体の農業の行動連盟」（ＡｂＬ）のコンセプトは正しく、東ドイツではさらに支持を得るものとみています。

エコロジー議論だけでなく、他の多くの根拠が小経営には存在します。グライフスヴァルト（研究所）の地理学者H・クリューター［前出1］は、北東部ドイツ（ベルリン、ザクセン・アンハルト州、ブランデンブルク州、メクレンブルク・フォアポンメルン州）の農業の産出額を算定し、北東部ドイツ農業の2010年の産出額27億200万ユーロは西部のノルトライン・ヴェストファーレン州よりも少なかったとしています。……ノルトライン・ヴェストファーレン州の農用地面積は146・3万haで北東部ドイツの半分程度ですが、EU補助金は6億2300万ユーロで、北東部ドイツの半分以下でした。ところが農業産出額は27億3900万ユーロで、全北東部のそれよりも大きかったのです。したがってノルトライン・ヴェストファーレン州の面積当たり生産性（1ha当たり粗生産額）は1872ユーロで北東部（700・5ユーロ）の2・7倍でした。そのうち北東部では53％が、ノルトライン・ヴェストファーレン州では22・7％がEU補助金でした。東西ドイツ再統一後20年にして、この生産性格差は驚くべきものです。……ノルトライン・ヴェストファーレン州の農用地100ha当たり就業人数は8・8人で、北東部の2・6人と比べれば3倍も大きく、一線を画するものです。……そして、これは経営規模という要素に大きく関わっています。北東部のそれは平均259haで、もう一方ではわずか41haです。別の見方をすると、北東部では200ha以上経営が農用地の88％を占め、もう一方は7・4％なのです。

「健全な混合」という理念にもとづいて、E・シュルツェ［11］が、「大経営ないし小経営のもっとも理にかなった条件とは」どのようなものかと、1963年の研究をもとに以下のようなリストを提示しています。

〈ポイント〉	〈経営方式〉
人口密度	中小経営
面積当たり生産性	小経営
労働生産性	大経営
市場への供給力	大経営
危機への対応力	小経営
生活の幸福度	家族経営

過去50年間の技術進歩を考えれば、小経営もまた国民への食料供給については、十分に高い市場供給力を持っています。

シュルツェは、大経営の原理的な存在意義を認めつつ、小規模家族経営の優位性を指摘しています。

・危機への対応力
・家族員の自己責任にもとづく思考と行動、経営手段導入についての慎重さ、自分の利益を考えての仕事のやり方
・管理や監督にかける経費の少なさ

・労働力の投入における適応性。賃金協定規則を必要とせず、必要に応じて家族員全員を動員できる
・生産の全体を判断でき、地域の事情を正確に認識している

シュルツェはこうした経済的側面から出発しながら、他の研究者の非経済的側面についての指摘を参考にして、以下のように述べています。「農民的家族経営のモデルからすると、数百年の農民が主体の村落協同体の維持もまた役割を担っており、それは経営が大きくなることによって壊される。機械化された大経営は、村落では他の生産部門が導入されないかぎり、住民には仕事がなくなり、農村は過疎化する。国民経済学者や社会科学者は、したがって、以下のことを明らかにしなければならない。すなわち、第一に、農業はもはや移住対策による労働力を受け入れることはできないし、他方では農村の出生率が都市よりも高いということはなくなる。そうしたことと結びついた危機の解決には、農業を縛ったままではもはや不可能である。東欧のようにまだ多数の圧倒的に自給経営が存在する国は、国民経済的には利点をもっている。」

国民経済学ないし社会学の分析が示しているのは、エコロジーについての考えは、小規模な経営を劇的に増やすということです。おそらく現在では小規模な農民が主体の農業経営をやりたいというのはほんの少数でしょうが、この少数の人々は妨害されるべきではなく、幅広い援助を受けるべきです！

３・４　良い食料には適正な価格を――農業補助金を終わらせる時代

２０１２年には、13年以降のＥＵ共通農業政策（ＣＡＰ）改革についての長引いた議論で、農業政策にエコロジーを位置づける機会となりました――それはまさに東部ドイツについてもそうでした。基本的にはＥＵのチォロス農業委員の提案が正しい方向を提示しています。予測されるのは面積当たりの助成金を逓減させ、エコロジー的基準（〝グリーニング〟）の導入を支持するものです。たとえ、多くの点で不十分（たとえば、輪作についての要求）であり、他にもなお不十分なものがありますが（たとえば、「エコロジー的栽培農地」の利用率や利用方法）。もちろんＥＵ農業改革が２０１４年から２０２０年で終わりというわけではないし、すべての課題が取り上げられているわけでもありません。今日はっきりしているのは、収量単位でもまた面積単位であっても、補助金が結果的に誰も責任のとれないような付帯的損害を生んでいることです。今日では、面積単位の補助金を撤廃することを迫られています。健全な農業構造にするには、補助金を得るために不要な農地を手放さないとか、ずっと少ない輸送コストで経営できる農家に農地を貸さないといったことをやめさせることです！

緑の党の農業専門家Ｆ・アウグステンは、農業補助金が景観を正しく維持する機能はもっていないと考えています。また補助金がなくても農地の農業的利用を続けられます。補助金は食料品価格の引下げという目的に役立つだけだろうというのです。

おそらく補助金を廃止する前に、広範囲な措置が徹底して採用されるべきでしょう。

①経営規模と家畜保有規模の上限を法的に確定する、②農薬、土壌、地下水さらに生産物の汚染、したがって環境や消費者を危険にさらすような農薬散布量を規制すべきでしょう。そうすれば、農業補助金を終わらせることは、否定的な影響を長期に与えることにはならないでしょう。

東でも西でも人為的に食料を安価にする哲学は、経済成長の見境いのない加速化に貢献するだけでなく、同時に日々のパンの価格を耐え難いまでに引き下げ、農民とその労働を過小評価することにつながってきました。農業補助金が食料品の低廉化に役立つだけなら、そうした補助金を終わらせることは、長期的に見て農民の利益であり社会全体の利益であるでしょう。今や、農業補助金の時代を終わらせる前提条件がつくりだされています。

5　どこに到着するか——エコロジー的農政にとっての挑戦とチャンス

それでは今何ができ、何をすべきなのでしょうか?

ここでは、東ドイツ一般ではなく、ザクセン州やチューリンゲン州を念頭に置いて議論します、東西ドイツの再統一に際して、東部ドイツには、LPGを大経営のまま維持するうえで、いくつかの好条件がありました。

土地所有者（LPGへの集団化に際して農民の所有する土地はLPGと賃貸契約がなされた）には農民経営を再建ないし新設する経済的、物質的手段が欠けており、農民経営の経営能力にも欠けていました。また農民経営の運営を支える市場条件は整っておらず、LPGの組織形態を協同組合や有限会社に再編して、大経営を維持しようとするLPG幹部層の政治的影響力が大きく、土地所有者の農地の取戻しはさまざまな制約を受けました。

(1) 後継者を確保する――農家の存在がエコロジー農業への転換の前提

農業をグローバルかつ永続的に大地の自然の営みと両立する食料供給に将来結びつけるという展望のもとに、まともだと考えられる農業構造政策は、F・zu・レーベンシュタイン［前出10］が提案した「エコロジー的集約化」といった方向に向けられるべきです。それはつまり、小農民経営と園芸農家がモデルとして追求されるべきだということです。しかしそうした小経営だけでは、その農家で暮らす人間の自給の3倍以上のものを生産するのはむずかしいでしょう。それでは社会には、人間の半分は農業を営む家族に属さなければなりません。そのような社会は、――ひどい飢餓になることはないでしょうが――中欧には予測できる時代には来ないでしょう。逆に、農業や食料セクターで働く人間が2％以下という事情の下では、――現在がそうなのですが――多くの点で不安定かつ不健全です。したがって、今後50年の間にほぼ現実的だと受け入れられるような農業就業人口の割合は、どの程度かという問題が存在します。

この間になされている技術進歩と農民の農耕を考えれば、人口の5％がエコロジー農業と社会的に責任を持って行う農業ならば、ザクセン州の人口の需要は問題なく確保できると考えられます。その上にさらに5％が（失業に対するオルタナティブとして）２ha以下の自給経営の維持に加わるならば、それは１９２０年代末のザクセン州の農業構造に似たものになります。当時は総人口の９％が農業に属していたのであって、２～１００haの農家が農地総面積の81％を経営しており、57％の農家は２ha以下の兼業ないし自給経営でした。ザクセン州の農家の大半は15～45ha経営でした。これは現在のスイスの状況にほぼ相応します。ザクセン州は、将来的に農地の90％が中小農民によって経営されるような土地集中が起こりうるでしょう。今後の50年間に、前節にしめしたようなモデルが機能するような、それは集団化によって力づくで作られた農業構造を逆転させることから始めるならば、ザクセン州の農業は今日のスイス農業に似たたいへん良好な状態になるでしょう。

これぐらいの規模の個別農民経営を社会的にも労働技術的に最適な形態として創設しようとするならば、村々には付属建物を含む農場をもった経営に、できる限り隣接した耕地、緑地そして林地が割り当てられるべきでしょう。土地の配分に要する役所の経費はまったく別にして、建物だけで1農場当たりおよそ50万ユーロが必要でしょう。そう、カザフスタンにいるとしたら最低でもそれぐらいはかかるでしょう。しかし、ザクセン州の農村は、今日までほとんどが伝統的な農家集落であったという特徴をもっています。ところがそれはこの間に「死せる」農家集落になっています。ここに約10万もの中小農場、たいていはほとんどが四辺形の農場がまだ存在しており、隣接して適当な規模の用地があり――ただ残念ながらその大半は農業には使われていません――、またそれに属する農地は長期にわたって、部分的に先買い権をもつ工業的農業大経営に賃貸されています。農場に付属する経営用建物は多くは改造が必要で、空き家になっているか他の目的に使われています――しかし、ほとんどどこにもまだ存在しています！　しかも農場に付属する用地の所有関係はほとんどが戦前の状態と同じなのです。

農民のインフラストラクチュアと所有関係がまだ広範囲に保存されてきたザクセン州でしたが、１９９０年以降のザクセン州農政は、領主農場が中心であった北東ドイツとほとんど差のない農業構造を生み出すことになりました。しかし、まだ遅すぎるわけではありません。ザクセン州におけるエコロジー的な農政の第一の目標は、将来性のある農民が主体の農業にふさわしいインフラストラクチュアを確保し維持することであって、それはザクセン州やチューリンゲン州にはまだ大量に存在します。農用地の所有権がそれが属する農場から大量に分離されている状況がまず早急に転換されなければなりません。なお存在する四辺形の農場を全体として保全するためにあらゆることがなされるべきです。農村地域振興のためのＥＵ財政もまた、利用されていない経営用建物のために使われるべきであって、農場建物の取壊し助成であってはなりません。逆に取壊し助成は、この50年間、推奨されてきた工業的農業の経営用建物に向けられるべきです。ザクセン州の戦前来の農民のインフラストラクチュアは余計なお荷物だとみなされてはなりません。社会的にそしてエコロジカルな将来性のある農業の発展という観点からすれば、これらの相続財産は計り知れないほどの価値を持っています！

副業的農業の可能性についても、農民が主体の構造の再活性化をめざすならば、過小評価されてはなりません。重要であるのは、ザクセン州の村々のこれまでの伝統的な性格をなお生かし、農村の自給を可能にする実際的な熟練を持っている人々に、彼らの農民的な文化技術の実践的知識を次世代につなげるチャンスが与えられることです。こうしたことがなければ、農村地域は遅かれ早かれ、過疎化か都市化かの選択しかないことになります。

(2) 新たな農民的経営の設立が可能であり、求められている

ザクセン州においてなお存在する農民的インフラストラクチュアの確保と並行して、農場の新設に関心をもつ若い世代に対して、①付属地が隣接している適当な農場を探す、②専門教育、そして③生活を築くのに必要な経済的投資、において有効な支援がなされることが重要です。

手本になるのは、カッセル近郊のヴィッツェンハウゼンの農場取引所です。そこでは（かつての）農民で、家族に農場を継ぐ者がいないが、その農場を農民経営として継いでほしいと考える場合に、農業教育課程を修了し、実際に農業をやる機会を探している若者といっしょにやろうというものです。さらに求められるのは、中小規模の農業経営が安定的な経営ができるための経済的枠組みであって、多数の農業を新規に立ち上げようとする者の獲得と教育です。

最後に将来性のある農業インフラストラクチュアの確保のために、一定の法的整備が求められます。

重要であるのは、以下のようなことです。

・借家権と同様に借地権における自己都合の解約通知が、通常のケースでは長期に賃貸された土地を、12年ないし18年という借地期間が終了する前に、若い農業者が農場を隣接する土地付きで買収できるようなものであるかどうか、
・先買い権と一体的な借地契約の禁止、
・借地契約の有効期限の制限、
・農場と付属地の所有権分離をむずかしくすること、ないしその再統合を容易にすること。

(3) 農民による土地利用で景観を保護

景観や自然の保護に関しては、これまで継続してなされてきた事業がそれを妨げてきました、たとえば、耕地の大区画化、緑地の切断、一時的であったり継続的であったりの景観の単調化や種の絶滅などです。本格的なビオトープや種の保護などがこれから取り組まれるべきです。しかし根本的には、変化に富んだ景観の保全や再生、農業景観における種の多様性の保護は、すべての土地での農民による本来的にエコロジー循環経済を機能させる経営があってこそ可能になります。さらに化学的かつ工業的土地利用が今日の自然の貧困化の原因であるとするならば、豊かな農村景観は、場所によってはダイナミックに変化するビオトープの多様性が生まれるのは、持続的に土地が利用されることによってのみであ

り、決して「保護」によってではないのです。土地利用が放棄されるべきではありません。利用の仕方が変えられるべきなのです。そうした意味で、生態系がどれほど多様であるかが、実際のところ、来るべき農業大転換の成果の物差しになるでしょう。

農業政策の方向は、常に自然と景観への影響がどうかで判定されるべきです！　将来の農業政策はまず、第一に農業は一国の食料主権の基礎であるという考えにもとづくべきです。すなわち、農業は地域に根づいた土地と結びついており、——グローバル化した市場メカニズムとは独立したものであって、持続的に営まれうるものです。すなわち、農業は農村に価値をもたらし、農村社会をまとめあげる社会的機能をもっているのです。

6　論点と結論

ザクセン州、チューリンゲン州、そしてザクセン・アンハルト州南部では、かつては共通してスイスのように農民経営が圧倒的でした。ところがそれはこの間に大半が荒れ果てた農場になっています。現在では農業が継続されている農場はせいぜい20戸に1戸にすぎません。農用地のほぼ70％は５００ha以上の経営によって経営されており、そのほとんどはＬＰＧの後身であって、２０００haから５０００haの規模です。土地集中がこのままであるなら、古典的な農家経営は消滅し、中部ドイツの農村は遅かれ早かれカザフスタンのようになるでしょう。東ドイツでは農民を集団化させたために、工業的農業大経営が生まれ、それは１９８９年革命以降もほぼそのままになっています。旧東ドイツ諸州のドイツ統一後の農業政策には奇妙な一致点がみられます。保守党、社会民主党、左翼党などの政党間に差がありません。また伝統的に大農場と貧しい農業労働者層で特徴のあったメクレンブルク・フォアポンメルン州やブランデンブルク州と、伝統的な自由農民が主体であったザクセン州やチューリンゲン州との間にもたいした差異はみられないのです。全体として工業的農業という単一構造への傾向が立地上有利とみなされ、全力をあげて促進されました。すべてがひとつの政策に向けられたのであって、それは工業的農業の圧力団体の利害に十分に応えるものでした。

統一ドイツにおいて東部ドイツの農業政策の独自性をめぐる議論は、再度それが確実性をもっているかどうかについての検証が求められます。

・東部ドイツ諸州に生まれた農業構造を不利にあつかうべきだということではありません。ＬＰＧ後継企業が不利なあつかいを受けるべきだという問題ではなく、その優遇（面積当たりの補助金と東西ドイツ統一の際に与えられた経営継承での特別の優遇措置）を終わらせるべきだということです。というのも東ドイツ農業の特性は、「自然に生まれた」というよりも強制的な集団化の結果です。集団化による長期の農民否定が、多くの農民とその関係者を大きく傷つけたのです。

・大経営は世界市場との関係では競争力をもっており、したがって評価されるべきかもしれません。またある意味で、道はまちがっていても正しい目標に到達できるとするならば、東部における農業

分野は西部のそれよりも優れた存在だということになるでしょう。大経営は、少なくとも理論的には、穀物、ナタネないし甜菜などの耕種作物に限定すれば、それは現代的な機械装備で比較的少ない労働力でやれるので、より合理的に経営できるでしょう。しかし無視すべきでないのは、まさにこれら量産作物は農地面積当たりではより小さな市場価値しか生み出せず、こうした専門大経営は小規模経営よりも面積当たりでの純付加価値は小さく、補助金を必要としていることです。比較研究が常に明らかにしているのは、東部ドイツ農業が農村地域で生み出す価値において西部ドイツのそれに劣っているということです。おそらく大経営の多くの農場が優遇されているかぎり、面積当たり補助金の獲得が重要です。しかし東部ドイツの地域経済は、大経営が支配的なままではけっして西部ドイツのそれよりも「うまく再生する」ことにはなりません。「世界市場」向けの穀物だけを生産するアジアやアメリカのステップ地域と同じ方向をめざす――しかしそれでは東ドイツの村落や農村景観には何も残りません。

・大経営だけがグローバル化の趨勢にふさわしく、将来の見込みがあるのではないか。実際のところ先進国ではどこでもこの数十年、農業の工業化への方向への経済的圧力は高いものでした。しかしながら結局は、自然法則が市場経済の法則に優りました。後者は変わらざるをえませんでした。土壌の肥沃度を危険にさらしたくなければ、有機質の投与とゆったりした輪作（労働集約的作物を取り込んだ）だけが土壌肥沃度の永続的維持を可能にするという認識が貫徹せざるをえません。確実に将来性のある農業を可能にするのは、耕種と畜産を根本的に統合した多面的な経営方式だけなのです。

・**環境にやさしい農業にとっては、経営規模の大きさはたいした問題ではない。**大量の農薬を散布し、遺伝子組換え大豆に大量の施肥を行い、家畜をたいへん劣悪な環境で飼育している小規模経営が少なくないことは疑いもないことです。また、大規模経営でEUのエコ基準を達成し、アニマルウエルフェアに沿った養畜を実践している経営も確実に存在します。だが小規模経営は構造的に、エコロジー的循環経済モデル（残念ながらおろそかにされている）に沿って機能する潜在力がずっと大きいのです。将来性のある農業の尺度にエコロジー的経済循環という基本理念が設定されるならば、この目標は疑いもなく小規模経営によってこそ、大規模経営よりもずっとうまく実行されるでしょう。

・**大転換（ドイツ統一）後の東部ドイツにおける農業発展は選択の自由がなかったのではないか。**もちろんDDR農業が高度の専門化水準に達していたために、農業経営を立ち上げ、ないし再建できる状態にあるような十分に職業訓練を受けた農業者が全般的に育ってはいませんでした。1990年には、西ドイツ農業モデルを東部で求めようにもそれは不可能でした。しかし、初期条件がそうだったからといって、農業経営を再建ないし新設しようとした人々を組織的に排除した理由にはなりません。1992年初めに存在した農業構造をいわば凍結させることの正当性はありませんでした。さらにこの矛盾した初期条件は、西ドイツの農業展開に漸進的に、かつ大きく接近させることを力ずくで押しとどめる根拠ではまったくありませんでした。たとえ１９９０年、91年においては多くの決定に選択の余地はなかったかもしれませんが、その後の20年間における東部ドイツの農業発展には選択の余地がなかったわけではないのです。

今後20年間の東部ドイツにふさわしい農業政策を確立するには、カザフスタンのような農業構造がどのようなものかを見極めるべきでしょう。カザフスタン的な発展であるならば、それは再び政治システムの金権的寡頭政治へのひどい転換への基礎になるでしょう。しかし、ＬＰＧ後継農場で働いている就業者の関心が、ステップに典型的な農業で働くことにはないとしましょう。多くの人が50年以上前のザクセン州やチューリンゲン州の村にあった、スイスの今日の農業構造に似たような農業で働きたいと考えているとしましょう。

個々の農業者にとっての当時の事情は、農業のやり方が問題ではなく、農業労働を続けるか、農外に就業機会を求めるかでした。農業構造を変える必要性については農業者だけではどうしようもなかったのです。農業政策の課題でした。確固たるエコロジー的農政は確固たるエコロジー・モデルが必要でした。

・村落は村落として存続、農民は農民として存続すべきです。農村地域の発展にとっては、農業問題を第一に考えなければなりません。

・将来に向かっての農業政策にとっての道標としては、ポスト成長経済というコンセプトが不可避の枠組みとして設定されなければなりません。

まさにここに農業のエコロジー的転換のきわめて重要な曲がり角があります。以下の諸点が重要なのです。

・外部負担の最小化、
・広域の、原則的には全農業における経営の一体的エコロジー化、
・安定的で危機に対応できる経営単位としての小規模農民経営の優先、
・品質の良い食料に対する適正価格の設定。おそらくそれは、農業補助金の廃止によってのみ可能になるはずです。

このような基本的な考え方は、ザクセン州などの現在の情勢にどう結びつけられるでしょうか。ザクセン州やチューリンゲン州の今日の状況からすれば、怒りと疑念を呼び起こすだけではないと考えられます。そこには実際の農民がほとんど存在しないとしても、農民にとってのインフラストラクチュアはまだ存在します。農家は農業用建物とともに、耕地、草地そして林地をずっと所有したままです。また

19世紀以来、農民的建物資産や土地の農民的所有構造をずっと継承してきたことは、大きなチャンスとみなすべきでしょう！　われわれがエコロジー的な基本理念を経済成長促進経済からポスト経済成長経済という大枠にずっとふさわしい関係であると受け止めるならば、まずはまだ存在する恵まれた条件を救い出すべきでしょう。そして残存する農民的インフラストラクチュアが重要な役割を果たします。ここに特殊ザクセン州（そしてチューリンゲン州）のエコロジー的農政の果たすべき責任があります！

さらにそのうえにわれわれに求められるのは、現在では荒れ果てた農民的インフラストラクチュアを、農民経営の運営が可能で、その意志のある人間とともに再生することです。こうした目標を実現できる道はさまざまでしょう。一歩一歩進むなかで明らかになってくるでしょう。いずれにしろ正しい道を進むかぎり、補助金に依存した農業を優遇したり補強したりすることは不要になります。農民が主体の農業の再生にとっての決定的な鍵は、農業補助金制度を全体として完全に廃止することにあるでしょう――その際、同時に経営規模、家畜保有数そして十分に高い水準の農薬販売価格についての法的規制の導入が求められます。

注

(1)「ステップ」（ロシア語では「平らな乾燥した土地」）は温帯草原のことで、カザフスタンはグレートステップといわれるロシア中央部から中央アジア諸国にまたがる世界最大のステップに位置する。

(2)東ドイツ（「ドイツ民主共和国」ＤＤＲ）は、１９９０年10月３日をもって、西ドイツ（「ドイツ連邦共和国」）に吸収された。
(3)ＥＵの共通農業政策（ＣＡＰ）は、１９９２年改革で過剰生産を抑えるために、農産物価格支持政策から直接支払い政策（作物の生産量単位の支払い）に転換し、さらに２００３年改革では農地面積当たりの支払いになった。
(4)「外部費用」は、企業の生産活動の結果、排出される環境汚染物質（環境負荷）による損失や費用のことをいう。
(5)東ドイツでは１９５２年以降に、農民はＬＰＧ（農業生産協同組合）に統合され、ＬＰＧ組合員として共同農作業に従事する農業労働者になった。ただし、農地については、ＬＰＧが参加農民から賃借する方式が採用され、農民の土地私有は維持された。
(6)北部ドイツ、とくにエルベ川の東の地域である「東エルベ」では、農場領主制（グーツ農場）の歴史があり、第二次世界大戦まで、「ユンカー」（土地貴族）が所有する大農場が支配的であった。
(7)人的会社は合名会社がその典型で、社員と会社との関係が密接で、人的信用に重点が置かれている会社をいう。
(8)「文化親近性動植物種」は、スズメ、土鳩、ネズミなど、人為的環境でも増殖する動植物種をいう。
(9)電気スモッグとは、電話、携帯電話塔、Wi-Fi マストなどによって放たれる電磁波が、将来の健康上のリスクを引き起こすのではないかという研究から登場した言葉。
(10)エネルギー作物とは、バイオ燃料の原料となるサトウキビ、トウモロコシ、ナタネなど、バイオガスの原料となるトウモロコシなどをいう。

(11)ビオトープは、生物群集が存在できる環境条件のある地域をいう

(12)「ガイア理論」は地球全体を一つの生命体と考える理論。

(13)NASAは米国航空宇宙局。

(14)レイチェル・カーソン（1907〜1964年）は、1960年代に環境問題を告発したアメリカの女性生物学者。主著『沈黙の春』（Silent Spring）は、農薬の危険性を告発し、後のアースデイや1972年の国連人間環境会議のきっかけとなった。

(15)ドイツ共産党（KPD）は1918年に独立社会党から分離独立して成立。1933年ヒトラー政権に解体され、1945年に復活。1946年に東ドイツではドイツ社会民主党（SPD）と合併してSED（ドイツ社会主義統一党）になった。

(16)「新農民」は、農業労働者や東部からの避難民に農地を提供して創設された小規模農家で、その数はソ連占領地域全体で21万経営余りであった。州別では、メクレンブルク州が7万7000経営、ブランデンブルク州が5万3000経営、ザクセン・アンハルト州が5万経営、ザクセン州が2万1000経営、チューリーリーゲン州が9000経営であった。村田武『戦後ドイツとEUの農業政策』筑波書房、2006年、23ページ参照。

(17)SEDが1952年に開始した再軍備のための徴税強化やLPGの強引な設立は、全国での労働者や農民の蜂起を呼びおこし、ストライキと大デモに対して戒厳令が発令され、ソ連軍の戦車も動員されるなかで、1万人近い市民が逮捕され、100名に近い死者が出た。

(18)DDR政府は、1961年8月13日に東西ベルリン（ベルリンはソ連軍占領の東ベルリンとアメリカ軍などが占領した西ベルリン）の間に壁を築き、市民の往来を遮断した。

(19)ルドルフ・シュタイナー（1861～1925年）は、オーストリアやドイツで活動した神秘思想家で、1920年代なかばに有機物を農地に戻す循環農法（のちに「バイオ・ダイナミック農法」とよばれる）を提唱した。
(20)マイセンはザクセン州都ドレスデンの北西郊にある。磁器で有名。
(21)ヴィッテンベルクはブランデンベルク州にあって、ルターの宗教改革運動の中心地。
(22)バート・ザーロウはブランデンブルク州のポーランドとの国境の町フランクフルト（オーデル）に近い。
(23)イエナ・ローベーダはチューリンゲン州イエナの南郊。
(24)作男は雇用力のあった中農・大農の雇い人。
(25)ポスト成長社会――現代は経済成長社会から定常社会になっていると考えられており、それがポスト成長社会とされている。
(26)事後負担（外部費用）は、企業などの経済活動が、市場取引によらずに第三者に不利益や損害を与えることをいう。外部不経済に同じ。
(27)短稈化は、わずかな風雨や窒素肥料投下で倒伏しやすい穀物の長稈種を背の低い短稈種に品種改良すること。ちなみに、戦前1935年に岩手県立農事試験場で育種家・稲塚権次郎が生み出した短稈種「小麦農林10号」をもとにした戦後世界の小麦品種改良は大きな成果をあげることになった。稲塚秀隆編『NORINTEN・稲塚権次郎物語』（合同出版、2015年）参照。
(28)『農民の声』は、AbLの月刊の会報（電子版あり）。
(29)「デメーター連盟」は、ルドルフ・シュタイナーのバイオ・ダイナミック農法の流れをくむ有機農業団体で、ドイツの有機農業団体のなかで唯一戦前に誕生している（1924年設立）。

(30)ヴォルプスヴェーデは、ニーダーザクセン州ブレーメン北郊の村。１８８９年に芸術村ができた。
(31)パーマカルチャー（permaculture）は、１９７０年に、オーストラリアのタスマニア島の農業からＤ・ホルムグレンとＢ・モリソンが着想を得て、環境保全型・持続可能型の生態系農業をパーマカルチャーと名づけた。
(32)ピーク・オイル（peak oil）は、世界の石油産出量の頂点。

【引用文献】

［１］Klüter, Helmut (2011): Zur Entwicklung der Landwirtschaft in Brandenburg. In: Fraktion Bündnis 90/Die Grünen im Brandenburger Landtag /Hrsg. (2011) : Umbrüche auf märkischem Sand. Brandenburgs Landwirtschaft im Wandel der Zeit – Entwicklungen, Risiken, Perspektiven. oekom verlag, München.
［２］Priebe, Hermann (1985) : Die subventionierte Unvernunft. Landwirtschaft und Naturhaushalt. Wolf Jobst Siedler Verlag, Berlin.
［３］Vahle, Hans-Christoph (2007): Die Pflanzendecke unserer Landschaften. Eine Vegetationskunde. Verlag Freies Geistesleben, Stuttgart.
［４］Gerke, Jörg (2008) : Nehmt und euch wird gegeben. Das ostdeutsche Agrarkartell – Bauernlegen für neuen Großgrundbesitz und Agrarindustrie. AbL-Verlag Hamm.
［５］Reichholf, Josef H. (2007) : Stadtnatur. Eine neue Heimat für Tiere und Pflanzen. oekom Verlag, München.

[6] Lovelock, James (1991) : Das Gaia-Prinzip. Die Biographie unseres Planeten. Artemis Verlag Zürich und München. (Erstauflage: The Ages of Gaia. A Biography of Our Living Earth. W. W. Norton & Co., New York/London 1988)

[7] Merbach, W. (1991) : Landwirtschaft und Umwelt in der DDR - Ausgewählte Aspekte. In: A. Bechmann / Hrsg.

[8] Berlin-Institut für Bevölkerung und Entwicklung / Hrsg. (2011) : Die Zukunft der Dörfer. Zwischen Stabilität und demographischem Niedergang. Berlin.

[9] Wimmer, Michael (2011) : Ökolandbau in Brandenburg. Herausforderungen und Perspektiven auf märkischem Sand. In: Fraktion Bündnis 90/Die Grünen im Brandenburger Landtag /Hrsg. (2011) : Umbrüche auf märkischem Sand. Brandenburgs Landwirtschaft im Wandel der Zeit –Entwicklungen, Risiken, Perspektiven. oekom verlag, München.

[10] Löwenstein, Felix zu (2011) : Food Crash. Wir werden uns ökologisch ernähren oder gar nicht mehr. Pattloch Verlag München.

[11] Schulze, Eberhard (2007) : Zur Betriebsgröße in der Landwirtschaft – unter besonderer Berücksichtigung der Transformationsländer. Veröffentlichungen der Leipziger Ökonomischen Societät e. V. Heft 20.

Ⅳ　日本農業に求められるもの

さて、いま国際社会は、Ⅰで紹介したドイツ政府の「気候変動対策」に見られるように、農業についても、環境破壊に一役買ってきた「農業の工業化」路線からの転換を迫っている。

わが国がこの国際社会の要請に応えるには、アメリカの農産物市場開放要求に屈服して農薬残留基準を緩和し、小規模家族農業・兼業農家を排除して法人大規模農業を育成しながら、農産物輸出に活路を見いだそうという農政を抜本的に転換させることが不可欠である。

最新の農林業センサス（2015年）によれば、137・7万経営にまで減った農業経営体のうち家族経営体（農家）が135・8万経営に対し、法人経営が3・2万経営にまでになった。経営規模別では、この137・7万経営のうちで、10～30ha経営3・57万、30～100ha経営1・55万、100ha以上経営1600経営である。そして、これらの大型経営が主として借地（53・6万経営が田畑を借地しており、その借地総面積は113万ha）によって耕地の集積を行い、10～30ha経営で60万ha（耕地総面積３４５・１万haの20・４％）、30ha以上経営で１０４・４万ha（同30・３％）と、10haを超える大型経営が耕地の半ばを占めるまでになっている。そして、水田農業を基幹部門とする日本農業においても、農家の大半、とくに５ha以上経営の農家はほとんどが農業機械一式を装備した資本型家族経営になっており、西欧の「資本型家族経営」と同レベルの生産力段階にあり、マルクスが合理的農業に必要とするとした「みずから労働する小農民の手か、あるいは結合された生産者たちの管理」を担えるに十分な存在になっている。

ただし、わが国の発達した資本主義国における社会主義では、都市と農村の対立の克服という難題が立ちふさがる。

というのも、東海道メガロポリスへの一極集中と農村衰退という西欧諸国とは比べ難いほどの都市と農村の対立は、新自由主義グローバリズムのもとで、克服の道を歩み出すどころか、むしろ対立を激化させているからである。

加えて、東アジアモンスーン気候のもとで水田稲作を基幹的農業とするわが国は、農地面積当たりの農薬使用量で中国・韓国と並んで世界トップクラスにある。発がん性を指摘されるグリホサート（モンサント社が開発した汎用性除草剤ラウンドアップの農薬成分）や、ミツバチ群崩壊の原因のひとつとされる殺虫剤ネオニコチノイド系農薬の削減努力はなされているものの、ただちに全廃とはいかない状況にある。エコロジー農業への転換は容易でない。

だからといって、わが国農業陣営は、ＥＵだけでなくお隣の韓国でも規制強化に向かっている――韓国は２０１４年３月にＥＵに準拠してネオニコチノイド系農薬を禁止した――なか、わが国だけが規制緩和していることを放置すべきではない。わが国の規制緩和はアメリカからの規制緩和要求に応えたものにすぎない。国内農業は低農薬・低化学肥料のエコロジー農業をめざして、国民消費者の求める食の安全・安心に応えるのが正道である。

さて、いずれの先進国でも、１９８０年代に始まるグローバリゼーションと多国籍アグリビジネス企業の成長のもとで、世界農産物貿易と農業生産への支配が強まるなかで、農業経営構造は大きな変貌をみせており、小規模家族経営の危機と離農が深刻である。

しかし、アメリカやＥＵ諸国では、家族農業経営の危機が深刻化しながらも、農業生産はいずれも伸びこそすれ、減退傾向ではまったくない。ドイツでは、耕作放棄どころか、エネルギー作物などの栽培競争のなかで、農地価格や借地料は上昇傾向にある。アメリカは、小麦・トウモロコシ・大豆の生産量合計を近年４０００万トン台から５０００万トン台に伸ばしている。ドイツも農業産出額を５００億ユーロ（１ユーロを１３５円とすると６兆７５００億円）台でしっかり維持している。つまり、アメリカやＥＵ諸国では、多国籍アグリビジネスの支配が強まり、国際農産物貿易競争が激化するなかで、小規模家族農業経営の危機は深刻化していても、農業それ自体が生産基盤と生産を縮小後退させるという事態にはなっていない。ここにわが国との根本的な違いがある。わが国では中小規模農家が高齢化のなかで販売農家（経営規模30アール以上、または農産物販売額が年間30万円以上の農家）からの脱落が急で、借地による規模拡大や法人化はあっても荒廃農地の増加を防げず、全国いたるところで「産地」が失われ、農業生産力の減退が顕著なのである。

かくして、化学肥料・農薬依存型・エネルギー多消費型農業からの抜本的転換と農業生産基盤の再生を一体的に推進しなければならないところに、わが国農業の独自の課題がある。

水田農業の複合的・総合的発展

わが国農業に課せられた課題は、何よりも本格的に穀物生産を拡大・安定させ、しっかりした備蓄によって国民の食料保障を確実なものにすること、そして安易に海外市場からの緊急輸入に依存するような事態を招かないことである。それが、国際協調国家としての日本に期待されていることだろう。そのためには、日米安保体制が強制してきたアメリカ産穀物の大量輸入、すなわち過剰生産と補助金つきダンピング輸出に規定され、価格破壊的低価格による大量輸入に依存した食料供給と、それが歪めてきた農業生産構造を抜本的に転換する以外にない。

第1に、水田農業の複合的・総合的発展を通じて農業生産力を引き上げることが求められる。

①主食用米の完全自給に必要な作付面積を確保したうえで、麦・大豆の生産拡大を本格化させる。当面の目標は「2010年農業・農村・基本計画」が掲げた2020年目標が基準になる（水田利用

率の135％への回復）。

②畑地におけるトウモロコシ（実取り・サイレージ用）や牧草生産に加えて、水田での飼料米やＷＣＳ稲（ホールクロップサイレージ稲）の本作化による、酪農・肉牛・養豚などの畜産経営の飼料穀物・牧草栽培のための水田利用を推進する。

③そうした水田農業の複合化・総合化による生産力の引き上げは、低農薬・低化学肥料・エコロジー水田農業への転換と一体的であることが求められる。スマート農業はエコロジー水田農業の推進に活用されるべきである。

④全国には鶴や白鳥など渡り鳥の飛来地や、トキ・コウノトリなどの生息地とし保全が求められる地域がある。そのような地域では冬期水張り水田や湿地保全が求められ、一律の乾田化や排水は行われるべきではない。その生態系維持機能は特別に補償されるべきである。

第２に、中山間地域ではとくに水田における牧草栽培と放牧利用、さらに里山牧野利用を含めて、水田と里山の一体的利用の再生をめざすべきである。鳥獣害被害に対する対策と結合しての取組みが期待される。限界集落の増加や農家の高齢化のなかでは、集落営農や農協などの協業組織がそれを支えることが不可欠であり、それへの財政支援が求められる。

耕畜連携の地域農業への構造転換

第3に、水田における飼料米を初めとする飼料生産は、とくに都府県の畜産を特徴づけた輸入飼料依存の加工型畜産を、本格的に地域の水田耕種農業と結合する畜産への構造転換、すなわち耕畜連携の地域農業への構造転換への契機となりうる。

水田農家が飼料米やホールクロップサイレージ（ＷＣＳ）稲を栽培し、畜産農家がコントラクター組合を組織してそれを収穫し、自給飼料化する動きが始まっている。

第4に、畜産廃棄物、すなわち家畜糞尿を堆肥原料にするだけでなく、メタン発酵原料とすることでバイオガス製造が可能である。バイオガスは発電用（発電にともなって発生する熱も利用できる。いずれも農家の所得を補てんする）や、ガスボイラーの燃料としても利用できる。メタン発酵後の消化液の撒布は、畜産農家の飼料畑に限らず、飼料米・ＷＣＳ稲が栽培される水田への撒布に広げることができる。つまり、飼料での耕畜連携とともに、廃棄物循環での耕畜連携が可能で、これは確実に地域農業を活性化させることができる。

「技能実習制度」を廃止して、一般的移民政策を

アメリカ産農産物は、工業的大農業の低コストに加えて、事実上の輸出補助金で輸出価格が大幅に引き下げられている。その圧力にさらされてわが国農産物市場で形成される価格は家族農業経営にも規模

拡大を迫り、果樹野菜園芸や酪農部門では、家族労働力を補完する雇用労働力なしには経営維持が困難になっている。

農業分野でも1993年に始まった「技能実習制度」で受け入れた外国人労働者が増えている。ところが、母国への技術移転を名目にしながら、実際には人手不足を補う手段に使われ、ブローカーの中間搾取や低賃金・長時間労働などで、失踪が相次ぐことになった。2019年度に始まった在留資格「特定技能」は、一定の仕事の知識・経験と日本語能力が必要な「1号」は通算5年在留できる（熟練した技能が必要な「2号」は家族を帯同でき、在留期間に上限なし。現在は建設と造船・舶用工業の2業種だけが対象）。しかし、制度が硬直的で現場の実態に合っておらず、この特定技能による在留者はごくわずかである。

実態をよく知っている識者は、「まずは、矛盾を抱える技能実習制度を廃止しなければならない。そして、特定技能制度を発展的に再構築し、一般的な外国人労働者を受け入れる制度を設けるべきだ。その枠組みの中で、労働者のスキルアップに応じて待遇を考えていけばいい」としている（「毎日新聞」2020年4月2日）。新型コロナウイルスの影響で、技能実習生の受け入れにめどが立たず、困り果てる生産農家が生まれている。政府は、専門性を必要としない外国人労働者は受け入れないとの建前をかかげ続けているが、技能実習制度を廃止し、一般移民政策への転換に踏み出すべきだ。そうすることで、これまで外国人との共生施策を自治体任せにしてきた政府は、主体的に、帯同する家族も含めて外国人が働きやすい環境づくりの責任をもたざるをえなくなる。滞在する外国人の子弟の多くが義務教育を受ける権利を得ていないという現実を見聞きするにつけ、外国人労働者なしにはやっていけない農業分野からも、政府に移民政策の抜本的転換を求めるべきである。

あとがき

筑波書房創立40周年記念として昨2019年末に出版いただいた拙編著『新自由主義グローバリズム』の序章（村田）と第1章（椿真一）、第2章（佐藤加寿子）を、旧知のミュンヘン工科大A・ハイセンフーバー教授の求めに応じて英訳し、同教授の家族農業研究グループに読んでもらうなかで、同研究グループとの共同研究が始まっている。同研究グループとの「小研究会」（会場：ミュンヘン工科大）を、本年9月実施予定の「ドイツの小農民団体（AbL）との交流スタディツアー」（農民連主催）に参加する研究者で開催する予定であった。残念ながら新型コロナウイルス感染の蔓延で、ツアーの開催を中止せざるをえなくなった。したがって「小研究会」も今秋は中止となり、なんとか2021年秋に開催できないかと考えている。

本書のⅢは、その共同研究の一環であって、ハイセンフーバー教授の紹介によるM・ベライテスの著書の翻訳（要約版）である。拙著『戦後ドイツとEUの農業政策』（筑波書房、2006年）での旧東ドイツの農業生産協同組合（LPG）への農業集団化研究は、M・ベライテスからは、「強制的集団化を無批判に紹介した」と批判されることを覚悟している。

本年になって、『経済』誌の本年5月号「マルクス経済学特集」に、前掲拙編著の序章を発展させて、「自然環境破壊とマルクスの物質代謝・小農民経営論」を執筆する機会を与えられた。しかし、家族農業経営を社会主義がどう受け継ぐかについては、同論稿では「『社会主義国』における逸脱」があったとのしまらないまとめになっていた。

幸か不幸か、新型コロナウイルスで外出がままならないなか、半分時間つぶしのつもりで書棚の整理をしていたら、ブハーリンの『史的唯物論』、チャヤーノフの『小農経済の原理』『農民ユートピア国旅行記』が出てきた。レーニンの戦時共産主義からネップ期のソヴェト政権人民委員会議議長としての国家活動、とくに中農にたいする態度（『レーニン全集』第29巻・第32巻）にも目を通す時間ができた。チャヤーノフについては、チャヤーノフ理論そのものよりも、訳者解説（『小農経済の原理』は磯辺秀俊・杉野忠夫共訳、『農民ユートピア国旅行記』は和田春樹・和田あき子共訳）がたいへん示唆に富むものであった。

そうした先学に学びながら、またここ10年近くのドイツ農業経営、とくに家族農業経営地帯を代表するバイエルン州研究の成果を踏まえて、『経済』誌の論稿のタイトルを、本書のⅡ章では「マルクスの『合理的農業』と現代の家族農業」に変え、まとめ部分の「『社会主義国』における逸脱」を、「『社会主義国』における強制的農業集団化」と「現代の家族農業は『合理的農業』を担える」に大幅に改訂した。

以上のような研究到達点は、私自身にとっては以下のような意味をもっている。

私の京都大学経済学部・大学院経済学研究科農業経済学ゼミナール（学部3年生1964（昭和39）年度～大学院博士課程1年生1969（昭和44）年度の指導教官は、山岡亮一教授（1991年に83歳で逝去）であった。その山岡先生は、1972（昭和47）年3月の京都大学定年退官に際する「一農政学徒の悩み」と題された最終講義で、その「第一の悩み」が、資本主義発展と小農という問題であるとされて、以下のように話されていた。

「現実には、資本主義が高度に発展しても、小農は資本による収奪を受けながら長らく存続するし、恐らく現存する各国資本主義それ自体は小農問題を克服する力をもたないだろう。そこで、資本主義社会ではどうにも解決できない問題を、小農の形態で持ち込まれた社会主義が、これにどう対応していくかが大きな問題であり、若い研究者はこの課題にぜひとも挑戦してほしい。」

幸い、山岡ゼミナールの兄弟子・中野一新教授（現在は名誉教授）が、京都大学経済学会『経済論叢』第149巻第1・2・3合併号、1992年1月）に「山岡先生を偲んで」で、以上を詳細に紹介してくれている（なお、この文章は『中野一新先生退官記念誌・新墾（にひばり）』、2004年2月にも再録されている）。

本書のⅡ「マルクスの『合理的農業』と現代の家族農業」は、上掲の山岡先生の後継者に対する問題提起への私なりの回答である。喜寿を超えて（本年9月19日で満78歳）、ようやく先生の問いかけに自分なりの回答ができたと自負している。しかし、これは何のことはない。先生が育てた研究者のなかで最も若い世代のひとりであった私の、半世紀にわたる研究生活の終盤で、先生が経験できなかった「資本主義が農業を直接かつ実質的に包摂する時代」、すなわち農業の生産力が大経営だけでなく小規模家族農業でも完全に「機械制大工業」の段階に到達した時代を論ずるチャンスを得たというだけのことかもしれない。

Ⅱ章の結論を導きだすにいたった現代ドイツの家族農業経営については、拙著『現代ドイツの家族農業経営』（筑波書房、２０１６年。これは北海道大学大学院農学院博士後期課程を修了して提出した博士（農学）の学位論文がもとになっている。）で分析している。

ともあれ、先生と同じドイツ農業問題、とりわけ家族農業経営を追い続けることを生涯の研究テーマとし、ここまで研究意欲に燃えることができたことを喜んでいる。

【著者略歴】

村田 武［むらた　たけし］

1942年　福岡県生まれ

金沢大学・九州大学名誉教授　博士（経済学）・博士（農学）

近著：『新自由主義グローバリズムと家族農業経営』（編著），筑波書房，2019年

『現代ドイツの家族農業経営』筑波書房，2016年

『日本農業の危機と再生―地域再生の希望は食とエネルギーの産直に』かもがわ出版、2015年

『食料主権のグランドデザイン』（編著）農文協，2011年

家族農業は「合理的農業」の担い手たりうるか

2020年7月1日　第1版第1刷発行

著　者◆村田 武

発行人◆鶴見 治彦

発行所◆筑波書房

東京都新宿区神楽坂2-19 銀鈴会館 〒162-0825

☎ 03-3267-8599

郵便振替 00150-3-39715

http://www.tsukuba-shobo.co.jp

定価はカバーに表示してあります。

印刷・製本＝中央精版印刷株式会社

ISBN978-4-8119-0576-1　C3061